▶ 国家自然科学基金——地方基金项目"奶牛业种养结合生态模式发展的内在机理及影响因素研究"（项目编号：72163024）

▶ 内蒙古自治区教育厅创新团队"农村牧区综合发展创新团队"项目（项目编号：NMGIRT2223）

▶ 内蒙古畜牧业经济研究基地和内蒙古自然科学基金——青年项目"基于扎根理论的奶牛业'牧场＋农户'种养结合生态模式的形成机理及收入效应研究"项目（项目编号：2024QN07007）

奶牛业种养结合模式的形成机理及经济效益研究

宝乌云塔娜　乌云花◎著

Research on the Formation Mechanism and
Economic Benefit of Integrated Crop Planting and
Dairy Cow Breeding System

经济管理出版社

ECONOMY & MANAGEMENT PUBLISHING HOUSE

图书在版编目（CIP）数据

奶牛业种养结合模式的形成机理及经济效益研究 / 宝乌云塔娜，乌云花著. -- 北京 ：经济管理出版社，2024. -- ISBN 978-7-5243-0012-0

Ⅰ．S823.9

中国国家版本馆 CIP 数据核字第 2024UY2446 号

组稿编辑：曹　靖
责任编辑：郭　飞
责任印制：张莉琼
责任校对：王纪慧

出版发行：经济管理出版社
　　　　　（北京市海淀区北蜂窝 8 号中雅大厦 A 座 11 层　100038）
网　　址：www. E-mp. com. cn
电　　话：（010）51915602
印　　刷：唐山玺诚印务有限公司
经　　销：新华书店
开　　本：720mm×1000mm/16
印　　张：16.25
字　　数：249 千字
版　　次：2024 年 12 月第 1 版　　2024 年 12 月第 1 次印刷
书　　号：ISBN 978-7-5243-0012-0
定　　价：88.00 元

前　言

　　种养结合是破解当前农牧业环境污染、化肥过量投入以及耕地力退化等重大瓶颈问题的有效途径。近年来，中央和地方政府出台了一系列政策，使种养结合模式成为农牧业绿色、生态、可持续发展转型的主要方向，而奶牛业种养结合模式是政策层面极力推动的食草动物"养殖+种养"结合模式。奶牛养殖牧场和农户是奶牛业种养结合模式的重要主体，既要面临向生态种养结合模式转型的机会，又要面对转型的压力和挑战。实践中，很多牧场由于现实条件的约束出现了高意愿、低行为的现象，严重制约着奶牛业种养结合模式的发展。有必要对奶牛业种养结合模式形成的关键影响因素进行剖析，探究奶牛业内部和外部循环种养结合模式的形成机理。学术界更多关注农户采纳"稻—虾"共养等立体种养结合模式的行为决策，更多基于政府政策、技术扩散渠道等外部因素和农户特征、农户家庭特征和农户内在感知等内部因素视角，讨论农户采纳种养结合模式行为决策，但对"种饲草+养奶牛"的奶牛业非立体式种养结合模式、市场交易环境对种养结合模式形成的影响的关注较少，缺乏从整体视角剖析奶牛业内部和外部循环种养结合模式的形成机理。

　　为此，本书从整体视角出发，以奶牛业内部和外部种养结合模式为研究对象，以牧场和农户为研究主体，聚焦于奶牛业种养结合模式的形成机理及经济效益，采用"定性+定量"相结合的研究方法，基于交易成本理论、外部性理论、农户行为理论、生产者行为理论和环境规制理论展开研究。首先，通过多案例的扎根理论方法提炼影响奶牛业内部和外部循环种养结合模式形成的关键因素，构建奶牛业内部和外部循环种养结合模式形成机理的理论模型；其次，通过案例分析和实证分析方法检验牧场和农户参与奶牛业内部和外部循环种养结合模式的形成；再次，采用 QCA 和内生转换模型检验牧场采纳内部循环种养结合模式的经济效益及农户参与外部循环种养结合模式的经济效益；最后，根据研究结果提出政策建议。主要内容与创新性结论如下：

第一，从整体性视角出发，采用多案例的扎根理论方法提炼奶牛业内部和外部种养结合模式形成机理的关键因素，剖析奶牛业内部和外部循环种养结合模式的形成机理。研究发现，养殖利润、养殖综合效率、环境规制和耕地流转交易成本是影响奶牛业内部循环种养结合模式形成的关键因素，其中，养殖利润和养殖综合效率是内在驱动因素，环境规制是政策保障因素，耕地流转交易成本是外部条件因素；奶牛业内部循环种养结合模式是内在驱动因素、政策保障因素和外部条件因素共同作用的结果。而环境规制、补贴政策、培训政策、农户与牧场间饲草和粪肥购销的交易成本、农户对种养结合模式的内在感知以及社会化服务和牧场负责人的社会化特征是影响奶牛业外部循环种养结合模式形成的关键因素。其中，环境规制、补贴政策、培训政策是政策激励因素，是奶牛业外部循环种养结合模式形成的推力因素，农户内在感知是拉力因素，交易成本是阻力因素，社会化服务和牧场负责人的社会化特征是调节力因素。奶牛业外部循环种养结合模式的形成是上述推力、拉力、阻力和调节力因素共同作用的结果。

第二，从养殖利润和养殖效率的内在驱动来看，环境规制的政策保障以及耕地流转交易成本的条件因素检验牧场参与内部循环种养结合模式的行为。研究结果显示，首先，牧场养殖综合效率与牧场参与内部循环种养结合模式行为之间存在倒"U"型关系，当牧场养殖综合效率低于 0.86 时，养殖综合效率每增加 0.01，牧场参与内部循环种养结合模式的概率增加 4.7%；当牧场养殖综合效率高于 0.86 时，每增加 0.01，牧场参与内部循环种养结合模式的概率降低 2.7%。其次，激励型环境规制和引导型环境规制政策能促进牧场内部循环种养结合模式的参与行为，激励型环境规制变量每增加 1 个单位，牧场参与内部循环种养结合模式的概率增加 0.2%；引导型环境规制变量每增加 1 个单位，牧场参与内部循环种养结合模式的概率增加 11.5%。再次，物质资本专用性和人力资本专用性促进牧场参与内部循环种养结合模式的行为，物质资本专用性每增加 1 个单位，牧场参与内部循环种养结合模式的概率提高 1.6%；人力资本专用性每增加 1 个单位，牧场参与内部循环种养结合模式的概率提高 1.54%。最后，机制检验发现，物质资本专用性正向调节养殖利润与牧场参与内部循环种养结合模式之间的关系；引导型环境规制反向调节养殖利润与牧场参与内部循环种养结合模式之间的关系；激励型环境规制正向调节养殖效率与牧场参与行为之间的关系。

第三，从推力、拉力、阻力和调节力的视角检验牧场和农户参与外部循环种养结合模式的行为。首先，对牧场参与外部循环种养结合行为的案例分析认为，环境规制是推动牧场参与外部循环种养结合模式主要外部推力因素；牧场与农户之间的交易成本是阻碍牧场参与外部循环种养结合模式的最大阻力；而合作社的社会化服务质量是降低牧场和农户之间交易成本，促进牧场参与外部循环种养结合模式的调节力因素。其次，从农户内在感知的拉力、政策激励的推力和交易成本的阻力视角检验农户参与外部循环种养结合模式的行为。研究发现农户的经济效益感知促进农户参与行为，经济效益感知每增加 1 个单位，农户参与外部循环种养结合模式概率增加 9.7%；而市场风险感知抑制农户参与行为，市场风险感知每增加 1 个单位，农户参与外部循环种养结合模式概率降低 10.8%。培训政策、补贴政策和合作社政策等政策激励因素能够促进农户参与外部循环种养结合模式，相比于未参加培训、未获得补贴和未加入合作社的农户，参加培训、获得补贴和加入合作社的农户参与外部循环种养结合模式的概率分别高 16.8%、14.3% 和 17.0%。信息搜寻成本和谈判成本等交易成本因素抑制农户参与外部循环种养结合模式，农户面临的信息搜寻成本每增加 1 个单位，农户参与外部循环种养结合模式的概率降低 7.8%；农户面临的谈判成本每增加 1 个单位，农户参与外部循环种养结合模式的概率降低 5.5%。而且政策激励和交易成本对农户参与行为的作用在不同耕地资源禀赋、劳动力资源禀赋和专业化程度的农户间存在异质性。机制分析发现，政策激励和交易成本对农户参与外部循环种养结合模式行为的影响部分通过农户经济效益感知和市场风险感知产生间接影响。其中，信息搜寻成本和谈判成本通过农户经济效益感知和市场风险感知的间接效应分别为 44.89% 和 40.66%，参加培训、获得补贴和加入合作社通过农户经济效益感知和市场风险感知的间接效应分别为 49.33%、52.91% 和 38.82%。

第四，从统计分析发现，内部循环种养结合牧场的单头奶牛粗饲料成本显著低于未种养结合牧场，因此，内部循环种养结合牧场单头奶牛的利润高于未种养结合牧场 1941.09 元。但并非所有内部循环种养结合的牧场都能实现高经济效益。本书采用 QCA 方法检验内部循环种养结合模式牧场实现高经济效益的组态路径发现，参与内部循环种养结合模式的牧场通过养殖能力驱动、耕地交易能力驱动、产品交易能力驱动、养殖能力与耕地交易能力驱动和养殖能力与产品交易能力驱动的路径可以实现高经济效益，在内蒙古东部、中部、西部地区之间存在异质性。产品交易能力驱动是内蒙古东部地区内部循环种养结合牧场实现高经济效益的主要路径；养殖能力驱动是内蒙古中部地区内部循环种养结合牧场实现高经济效益的主要路径；而牛奶交易能力驱动、耕地交易能力驱动、养殖能力和产品交易能力共同驱动是内蒙古西部地区内部循环种养结合牧场实现高经济效益的主要路径。

第五，利用农户调研数据，采用内生转换模型检验外部循环种养结合模式对农户经济效益的影响发现，外部循环种养结合模式对农户经济效益具有促进作用，且对未参与农户经济效益的促进作用更强。内生转换模型的反事实检验结果表明，参与外部循环种养结合模式的农户在实际情况下的人均可支配收入为 3.99 万元，参与农户若不参与，人均可支配收入为 3.34 万元，因此，参与外部循环种养结合模式的农户收入效应为 0.65 万元。未参与外部循环种养结合模式农户的实际人均可支配收入为 2.357 万元，未参与农户如果参与则人均可支配收入可以达 5.41 万元，因此，未参与农户参与外部循环种养结合模式的收入效应为 3.05 万元。而且，外部循环种养结合模式对参与和未参与农户经济效益促进作用在不同劳动力资源、物质资源和经济资源禀赋农户间存在异质效应。在劳动力资源禀赋富裕组、物质资本富裕组和低经济资源禀赋组中外部循环种养结合模式对参与农户的人均可支配收入的促进作用更强，而在劳动力匮乏组、物质资本富裕组和高经济资源禀赋组中外部循环种养结合模式对未参与农户的人均可支配收入的促进作用更强。

目　录

第1章 引言

1.1 研究背景

    党的二十大报告中明确提出，经济社会发展向绿色化、低碳化转型是实现中国经济高质量发展的关键环节。近年来，国家相关政策以及中央一号文件中也明确提出，畜禽有机肥资源化利用，有机肥代替化肥，推进种养业废弃物资源化利用水平，推动种养结合生态循环模式的发展，以实现农牧业发展方式从粗放式发展向绿色发展方式转型。然而，随着居民收入水平的提高，城乡居民食品消费需求结构发生变化，粮油蔬菜的消费越来越低，动物性食物消费越来越高（钟钰和巴雪真，2022），且预计2035年前后达到高峰（黄季焜，2020a），牛肉、羊肉、奶类、水产品、禽肉和蛋产品人均消费增长率分别达到30%、27%、24%、19%、18%和7%（黄季焜和解伟，2022），中国粮食安全逐渐从口粮安全转向食物安全，中国粮食安全问题的本质是畜产品的安全问题（王明利，2015）。为保障人民日益增长的畜禽产品需求，养殖业向规模化、专业化方向转型（黄季焜，2020a和2020b）。随着养殖业的规模化和专业化发展，规模化养殖场逐渐向消费能力较大的城市靠拢，远离土地资源和饲草料生产基地，逐渐与种植业主体分离，切断了种植业和养殖业之间物质流和能量流的有机循环（郭庆海，2019）。虽然规模化的养殖企业实现了空间上的集中，节约了市场交易成本，但与农业生产的融合度却越来越低，生产的粪肥量越来越大，粪肥回归农田的路径却越来越窄，在这种疏离背后，衍生出的一个重要问题是难以被农田消化的大量粪肥以多种不同方式排放到地下及河流中，严重污染了环境和水资源，进而演化成重要的环境问题（郭庆海，2019）。同样，随着种养业的分离，农家肥逐渐被化肥替代，化肥过量施用导致土壤酸化、微生物活性降低、重金属含量上升、土壤质量降低（郭庆海，2021），进而导致农作物产量下降和化学残留物含量上升。减少农牧业面源污染，改善土地质量，提高肥料的有效利用，提升畜产品和农产品产量以及品质，促进农牧业绿色发展（黄显雷等，2020）是中国农牧业绿色、低碳转型的关键。而种养分离严重影响了中国农牧业的可持续发展，种养业重新结合是中国农牧业绿色、低碳化转型的必由之路（王淑彬等，2020）。国际经验也表明，将现代农业生产技术应用到种养业生产活动，实现种养业废弃物有效循环利用，使农牧产品提质增效的种养结合模式是农业现代化的必由之路，也是中国农业可持续发展的必由之路（王淑彬等，2020）。

目前中国奶牛养殖业的发展也是在"种养分离"基础上实现的，已经到了"以土地换发展"的局面，奶牛养殖业快速发展是建立在土地无约束的条件之上，随着养殖规模的扩大，环境问题日益严重，土地成为制约中国奶牛养殖业发展的瓶颈，从而影响奶业的发展（郎宇等，2020）。奶牛养殖需要大量的饲草料，最主要的是青贮玉米、苜蓿和豆粕等优质饲草料，苜蓿可以替代部分精料，提高产奶量，增加乳脂率（刘玉满，2018）。单产5吨以上的奶牛，若在传统的"秸秆+精料"模式的基础上，日粮中添加3公斤干苜蓿，每日减少1.0~1.5公斤精料，日产奶量可提高1.5公斤，牛奶质量可提高一个等级，且由于奶牛发病率明显下降，牛奶的安全性显著提升，整个饲养过程疫病防治费用可减少1000元左右（王明利，2015）。但随着种养业的分离，中国种植结构趋于单一化，玉米、小麦和水稻三大主粮作物的种植面积占中国总耕地面积的57.39%。中国奶牛业使用的苜蓿和豆粕主要依赖国外进口，每年需要进口苜蓿139.8万吨，其中美国进口苜蓿高达130.7万吨，占总进口量的93.7%，苜蓿进口平均价格为2859元/吨，提高关税后奶牛的日粮成本增加6%左右，平均价格为3511元/吨，这意味着每吨苜蓿成本增加652元，这些资源禀赋方面的劣势导致奶牛养殖场的原料奶生产成本高的现象将长期存在（郎宇等，2020）。中国奶牛业如何在专业化、规模化生产的同时，探索既能解决养殖成本居高不下的问题，又能向环境友好型绿色、低碳、可持续发展模式转型是奶牛业亟待解决的实践难题（郭庆海，2019）。从国际经验分析来看，在丹麦和意大利，处理粪便产生生物能源被认为是重要的，而在西班牙和荷兰，主要考虑粪便处理的经济因素；粪便处理技术的采用也有不同的特点，丹麦进行酸化，西班牙进行堆肥用在种植业上，而荷兰进行干燥处理。目前，中国奶牛养殖业的发展注重经济效益，而忽视了生态效益，不利于奶业的良性循环发展（郎宇等，2020）。

在粮食安全的中长期预测中发现，未来口粮需求不超过2亿吨仍可自给，但是饲料等非口粮需求将达5亿吨，现有耕地农业系统难以承担，同时国际粮食市场容量不足，价格波动过大，不可依赖，持续增长的饲料用量需求是中国粮食安全真正的威胁，中国未来粮食安全必须向动植物产品并重的大食物安全转变，进行食物生产与消费结构调整，发展农区草业，将牧草引入传统耕地农业，在保障粮食作物生产水平的基础上，充分利用光、热、水、土等资源，在大幅度提高第一性生产力效率的同时，又为第二性生产力提供优质、充足、廉价的饲草资源（黄季焜和任继周，2017）。2021年，玉米种植面积占粮食种植面积的36.83%，且约70%的玉米用于制作饲料，损失大量玉米植株营养，如果采用整株青贮形式利用，使玉米的营养利用率提高1倍，1吨牛奶饲料地可以减少66.7平方米以上，1吨牛羊肉饲料用地可以减少2334.5平方米，且奶牛均单产从6吨提高到7吨（姜天龙等，2022）。而且相比于粮食作物，牧草生长周期短、产量高，对肥料的耐受力和耐湿力强，畜禽粪便的消纳量较高。因此，种植牧草不仅能够为畜禽提供安全优质的饲草料，提高畜产品产量和品质，而且还可以减少粪尿对环境造成的污染（王志敬等，2019）。种草养畜的种养结合模式是破解中国农牧业环境污染、生产成本高、农产品和畜产品品质和质量以及粮食安全困境的有效路径。

然而，养殖废弃物治理和耕地质量保护的正外部性特征和公共品属性以及农业的弱质性决定了养殖废弃物治理投入需要政府支持（张诩和乔娟，2019）。因此，自2015年以来，中央一号文件以及农牧业相关政策文件中多次提出要加快发展草牧业，支持青贮玉米和苜蓿等饲草料种植，开展粮改饲和种养结合模式试点，促进粮、经、饲、草四元种植结构协调发展。2019年，农业农村部等七部门又颁布了《国家质量兴农战略规划（2018—2022年）》，明确提出大力推进种养结合型循环农业试点，集成推广"猪—沼—果"、稻鱼共生、林果间作等成熟适用技术模式，加快发展农牧配套、种养结合的生态循环农业。同时制定饲草收储补贴、畜禽粪污处理设施设备购置补贴、耕地力保护补贴、环境规制以及种养结合技术培训等一系列的政策，为种养结合模式的发展提供了政策保障。内蒙古作为第一批"粮改饲"政策的试点区域，以农牧结合和种养互促为发展思路，在东部玉米主产区和中西部奶牛养殖主产区大力推进"粮改饲"试点，加快构建"为养而种，为牧而农，过腹转化，农牧循环"一体化农牧业结构（马梅等，2019），试点区域从2015年的3个试点盟市的3个旗县（兴安盟的扎赉特旗、通辽市的奈曼旗和赤峰市的翁牛特旗），扩大到2021年的7个试点盟市（东部呼伦贝尔市、兴安盟、通辽市、赤峰市和中西部的呼和浩特市、包头市、巴彦淖尔市）的21个旗县。

种养结合模式将种植技术和养殖技术有机结合，形成农业产业内部模块的物质循环利用，从而达到将污染负效益转化为能源的正效益的目的，是一种将农村发展、农民致富和生态友好融为一体的农业生产模式（陈雪婷等，2020），也是实现生态系统功能的各种具体生产要素（包括自然、社会、经济、技术因素等）的最佳组合方式或具有一定机构、功能、效益的实体（李文斌等，2019b）。但种养结合模式也是一项系统性的集成技术，其技术门槛较高，采纳后的效果在很大程度上依赖过程中的技术操作（陈雪婷等，2020），然而专业化奶牛养殖场对种草技术的掌握程度不高，再加上养殖场流转耕地的交易成本较高，奶牛养殖场完全向内部循环种养结合模式的难度较大，"农户+养殖场"的外部循环种养结合模式是部分养殖场的实现绿色、低碳化转型的必然选择。在农业生产模式变迁中，生产经营主体的偏好和认知与生产模式共生演化，而在中国生态农业的发展历程中，多以自上而下的政策变迁或农技推广等正式规则促使农户生产行为向生态化转变，缺乏对农户的偏好和农户生态农业的认知的关注（陈雪婷等，2020）。农户对生态种养模式的内在感知是影响农户采纳决策的重要因素，因此从经济效益感知和风险感知的双标认知视角探究农户生态种养模式采纳决策是必要的（陈雪婷等，2020）。故从种草养奶牛的种养结合模式的影响因素入手探究奶牛业内部和外部种养结合模式的形成机理及经济效益具有很好的现实意义。

一方面，畜牧业规模化带来了粪便对环境的污染问题，造成了环境问题日益严峻；另一方面，农产品比较效益低下，竞争力薄弱，农牧结合能够很好地解决这两类问题，但是为什么在政府鼓励及政策推动下种养结合模式推广还是不尽如人意？种养为什么合了又分，分了又合？问题出在哪里？在内蒙古的"粮改饲"的试点区域，奶牛业的种养结合模式到底实行得怎么样？目前奶牛业的内部和外部循环种养结合的程度如何？影响奶牛养殖场参与内部和外部种养结合模式的主要因素是什么？内外部种养结合模式的形成机理如何？参与种养结合模式的主体经济效益如何？有什么样的经济效益实现路径？回答这些问题对未来奶牛业的健康、良性循环、绿色和可持续发展具有重要的指导意义，对解决农牧民增收问题具有现实意义，是制定和实施从供应链的源头环节保证乳制品安全的相关政策时必须了解的问题，也是乡村振兴大背景下草原畜牧业如何振兴亟待解决的问题。探究如何发展种养结合生态模式，使它既能满足农牧业绿色可持续发展的需要，又能解决农产品比较效益低下及农民收入增长缓慢的问题具有重要的现实意义。

1.2 研究意义

现阶段，中国奶牛业形成了种养业分离的专业化、规模化发展格局，引发了严重的粪污环境污染、饲草料自给率较低、养殖成本居高不下和奶牛业比较优势低下等问题。中国奶牛业如何在专业化、规模化发展，提高养殖效率以及保障乳制品产量和质量的同时，实现绿色、低碳化环境友好型发展模式转型是一个重要的现实问题。基于这一现状，发展种草养牛的种养结合模式是破解当前中国奶牛业绿色、低碳化转型的重要路径。种养结合模式基于生态学物质循环理论，在一定土地管理区域内将种植技术和养殖技术有机、高效结合，形成农业产业内部模块的物质循环利用，从而达到将污染负效益转化为能源正效益的目的，实现农业生产过程的清洁化以及农产品的绿色、有机化，同时将农业活动对环境的有害影响最小化，最终实现经济效益、生态环境效益和社会效益最大化的一种生态农业生产经营模式，是能够改善农业面环境污染、提高农、畜产品的比较优势、增加农民收益的有效模式之一。本书基于奶牛业种养结合实践，梳理影响牧场和农户参与奶牛业内部和外部循环种养结合模式的内外部因素，剖析奶牛业种养结合模式形成机理，分析牧场和农户参与奶牛业内部和外部循环种养结合模式后的经济效益，为有效推进奶牛业乃至畜牧业的种养结合模式的发展提供微观主体的经验依据。

1.2.1 理论意义

我国经济已进入高质量发展阶段，经济社会发展的绿色、低碳化转型是高质量发展的关键环节，而种养结合模式的发展是中国农牧业绿色、低碳化转型的必由之路。本书的理论贡献主要体现为以下几点：第一，本书立足于奶牛业种养结合模式形成的实践，采用自下而上的扎根理论的质性研究方法，提炼影响牧场和农户参与奶牛业种养结合模式决策的内外部影响因素，构建奶牛业内部和外部循环种养结合模式的形成机理。这有助于深化种养结合模式发展的理论研究，为全面推进中国农牧业种养结合模式的发展提供理论支撑。同时，将扎根理论应用到农业经济问题的研究，拓宽了扎根理论研究领域，为经济学的研究提供了新的研究思路。第二，奶牛业种养结合问题本质上是奶牛养殖牧场的纵向一体化问题，交易成本理论是解释企业是否需要纵向一体化的主要理论。根据交易成本理论，企业交易产品时面临的交易成本较高，则企业选择采用纵向一体化模式。但这无法解释奶牛养殖牧场面临的产品交易成本较高（购买饲草料时的交易成本）时，绝大多数牧场仍然不会选择纵向一体化的内部循环种养结合模式的现象。为解释此现象，本书在牧场参与内部循环种养结合模式的行为时将耕地流转交易成本（要素市场交易成本）纳入交易成本分析框架，丰富了交易成本理论，提高了交易成本理论对农牧业企业纵向一体化问题的解释力。第三，种养结合的牧场能否实现高经济效益是奶牛业种养结合模式可持续发展的关键。本书在分析内部循环种养结合牧场的经济效益时采用组态理论，从牧场的生产能力（养殖能力和种植能力）、产品交易能力（牛奶交易能力和饲草交易能力）和要素交易能力（耕地交易能力和资本交易能力）构建组态模型，探究内部循环种养结合牧场实现高经济效益的路径，拓宽了组态理论的应用范围，同时为经济学的企业能力理论和组态理论的交叉研究提供了很好的参考。

1.2.2 现实意义

种草养畜的种养结合模式不仅是能破解中国农牧业环境污染、生产成本高、农产品和畜产品品质和质量问题的有效路径，还是破解现阶段粮食安全困境的新的思路。自 2015 年以来，国家以及地方政府大力推进种养结合模式的试点，但实践中种养结合的牧场并不多。本书梳理内部、外部循环种养结合模式参与主体的行为决策的影响因素，深入挖掘内部、外部循环种养结合模式的形成机理以及实现高经济效益的内在机制，探究种养结合模式为什么在政府极力推动的情况下还是不尽如人意的根本原因，为奶牛业种养结合模式的进一步推广提供有针对性的政策建议，具有一定的现实意义。

1.3　文献综述

1.3.1　种养结合模式的发展

1970 年，美国土壤学家 Albreche 从土壤学视角提出了"生态农业"概念（吕娜，2019）。在此基础上，英国农学家 Worthington（1981）将生态农业定义为是一种低输入和低投入，在经济上有生命力，生态上自我维持，在伦理、生态、环境方面均能平衡的小型农业。养殖污染治理是荷兰 20 世纪 80 年代农业政策转型的最初目标，种植业和畜牧业的高度专业化分工，改变了传统种养结合的农业产业结构，使两者严重分离，农业地区由于缺少有机肥料，不得不使用化肥来提高产量，而化肥的过度使用也对土壤和水质造成非常明显的负面影响；畜牧地区的动物粪便无法处理，大量的粪污积压造成了严重的环境污染（杜志雄等，2021）。从美国、日本、德国生态循环农业发展的经验来看，应当尊重生态系统的客观规律，合理规划农田使用，注重生态平衡（姜国峰，2018）。自 20 世纪 70 年代末起，生态农业已经在我国发展起来了，且经历了从开始的由学者和官员理性的认识驱动阶段，到了目前社会生活质量普遍提高，生态环境与食品安全意识空前提高后的需求驱动阶段（骆世明，2020）。种养结合模式是生态农业模式，在一定土地管理的区域内，通过将种植与养殖科学高效、有机地进行结合，实现农业生产过程的清洁化以及农产品的绿色、有机化，同时实现对资源的循环利用，使种植业与养殖业之间物质流、能量流顺畅流转起来，并且将农业活动对环境的有害影响最小化，最终使农业生态环境保持相对平衡的一种循环农业生产经营模式（彭艳玲等，2019）。种养结合生态模式是土地、种植业、养殖业三位一体的农业生产，通过农业生产资源的明显优势（尹昌斌，2008），将自然资源的利用率和产出率达到最大化（张昌莲等，2010），实现种植业和养殖业的有效结合，使经济、社会、生态三大效益在稳定、高效的基础上得以持续发展（薛辉等，2012）。

种植业与养殖业是农业的重要组成部分，是农业生产的两大支柱，是人类与自然界进行物质、能量、价值转换与交换的环节与载体，是人类赖以生存与发展的根本性的基础（程华等，2020）。欧美发达国家畜牧业产业化起步早，畜牧业发展水平走在世界前列，但欧美国家也曾面临严重的畜禽废弃物污染问题，种养分离的农业生产系统已被证明环境有一定的负面影响（Peyraudj 等，2014）。欧洲委员会通过大量综合农场的案例研究表明，并非所有的综合农场都能弥补专业化生产带来的缺陷，一体化程度越高的农场对环境的负面影响越小，只有特定的种养结合农业系统才更具生态效益和经济效益（Chambaut 等，2015）。现代种养结合农业系统受益于多样化的生产和种植与养殖环节之间密切协作，以平衡世界各地专化农业生产和其所带来的环境影响之间的关系（王淑彬等，2020）。近年来，我国各级政府也大力推行种养结合模式的发展，中央一号文件中也多次强调要推进农业废弃物资源化利用水平，提倡种养结合利用模式，为种养结合农业系统发展提供了政策保障（崔海燕和白可喻，1999；李文斌等，2019b）。种养结合农业系统可以在不损害农业经济的前提下限制农业对环境的负面影响，是实现耕地作物系统和牲畜系统双赢的一个可行解决方案（Dumont 等，2013）。

在我国种养结合生态模式发展的实践中，出现过"果园—禽类"种养模式（王浩等，2014；吴红等，2016）、"水生作物—鱼虾类"共生模式（陈雪婷等，2020；杨兴杰等，2021）、"猪—沼—果"模式（傅桂英和刘世彪，2019）、"稻/玉米—禽类"共作的立体种养结合模式（禹盛苗等，2005；周玲红等，2016；张浪等，2018；王秋菊等，2019）以及

"青贮玉米+养牛"的非立体种养结合模式（马梅等，2019）。"果园+养鸡"模式是充分利用林间土地空间，能够降低饲养鸡的经济成本，同时通过种养结合、鸡吃虫草、鸡粪还田，提升了果园土壤肥力，减少了果园施肥、病虫害及杂草的防治成本的一种典型的立体生态种养结合模式（王浩等，2014）。吴红等（2016）研究发现，一定密度"果园+养鸡"种养结合模式可以提高桃园表层土壤含水量，但随饲养密度增大其表现为先升高后降低的趋势。"稻虾共养"模式是水稻种植技术与小龙虾养殖技术的有效结合，水稻田中的杂草和虫类等都可以成为小龙虾的食物，降低了小龙虾的养殖成本，且小龙虾的排泄物还能为水稻生长提供天然肥料，进一步促进水稻生长的立体养殖模式（杨兴杰等，2020b）。在"稻—鱼"和"稻—虾"的稻田生态系统中，土壤和水体的改善以及有害生物的减少，形成了鱼类对化肥和农药的替代关系，在稻谷产量不变甚至增产以及增加鱼类产出的情况下，农户大幅度减少了化肥和农药的使用量。"稻—鸭"模式是种植水稻和养殖禽类相结合的种养结合模式，既能确保生产无公害或绿色农产品，丰富市场，又能节省农业成本，提高经济效益和保护环境（禹盛苗等，2005）。与"果园—禽类""水生作物—鱼虾类""猪—沼—果""稻/玉米—禽类"共生等立体种养结合模式不同，"青贮玉米+养牛"的种养结合模式是在非同一耕地内种植青贮玉米和养殖奶牛（或肉牛）的非立体种养结合模式。"青贮玉米+养牛"种养结合模式的参与主体包括农户和牧场，根据种植和养殖主体的不同，将"青贮玉米+养牛"的种养结合模式分为"牧场种植+牧场养殖"的牧场内部循环种养结合模式、"农户种植+牧场养殖"的牧场和农户的外部循环种养结合模式、"农户种植+农户养殖"的农户内部循环种养结合模式。彭艳玲等（2019）以四川省"青贮玉米+奶牛养殖"税务示范点为例，研究表明不同示范点之间的综合效率，综合效率非有效的示范区均处于规模效率非有效状态，纯技术效率无效的示范区的投入冗余主要集中在奶牛养殖资源投入以及工业能源与劳力投入层面。

综上所述，种养结合农业系统可以在不损害农业经济的前提下限制农业对环境的负面影响，是实现耕地作物系统和牲畜系统双赢的一个可行解决方案（Dumont 等，2013），虽然我国种养结合模式的发展晚于欧美国家，但近年来发展较快，已经形成"果园—禽类""水生作物—鱼虾类""稻/玉米—禽类""青贮玉米+养牛"等不同类型种养结合形式，虽然不同类型的种养结合模式均遵循农业生态循环规律，但也存在一定的差异。课题组根据对内蒙古 5 个盟市 10 个奶牛养殖大县的实地调研情况分析奶牛养殖牧场参与"牧场种植+牧场养殖"的内部循环模式和"农户种植+牧场养殖"的外部循环模式的比例和强度并不高，但鲜有文献针对奶牛业种养结合模式的形成以及经济效益进行系统的理论和实证研究。

1.3.2　种养结合模式的效益

现有文献主要从种养结合模式发展的必要性和迫切性、环境效益、经济效益、生产效率等角度进行了一系列研究，认为种养结合模式在节本增效、提升农畜产品质量、缓解环境污染、提高土壤肥力和增加农户收入等方面存在显著的正向效应。

中国种植业养殖业的规模化专业化发展过程中种养殖业的可持续高质量发展是首要考虑的问题。而种养结合农业系统可以在不损害农业经济的前提下限制农业对环境的负面影响，是实现可持续循环农业的必然选择（Dumont 等，2013）。种养结合的混合农业系统能够以控制某些害虫和杂草（Hatfield，2007a；Hatfield，2007b），鼓励种植多年生长的饲草和植被从而提高土壤质量、减少化肥投入量（Bell，2012），降低能源和化肥的投入成本（Hoeppner 等，2006）等方式提升环境效率。众多国内学者的研究也表明种养结合模式是农业可持续循环发展的生态环保模式（林孝丽和周应恒，2012；沈亚强等，2014；杨春等，2016）。"猪—沼—果"循环经济发展模式是将当前养猪场的粪污面源污染转化为能源、肥料的一种有效生态模式。傅桂英和刘世彪（2019）发现，"猪—沼—果"的循环模式能节约养殖场内部资源约 0.14 万元，降低外部环境损害成本约 1.93 万元，从而增加畜产品效益约 3.66 万元。杨兴杰等（2020b）也发现，"稻虾共养"模式同样实现了"排泄物还田，稻虾共同生长"的效果，促进了资源循环利用、生态环境保护和可持续发展，同时也减轻了农业生产造成的环境污染问题，是一种生态农业模式。随着中国畜牧业的规模化、集约化发展，极大地提高了养殖场生产性性能和经济效益，但也带来了一定的环境污染问题，种草养畜的种养结合模式可以实现养殖场粪污还田利用、降低化肥的使用、提高耕地肥力、降低种养业环境污染问题（贾伟等，2017）。蔡颖萍等（2020）研究发现，2015～2017年中国纯养殖型农场将畜禽粪污直接排放的比例逐年增加，而种养结合型农场该比例是逐年下降的，相比于纯养殖型农场，种养结合型农场将畜禽粪污直接排放的比例较低，2017年仅有3.37%的种养结合型农场采用直接排放方式。

相比于传统的种养分离模式，种养结合模式不仅环境效益显著，经济效益也比较显著（王晓飞和谭淑豪，2020；傅桂英等，2019；王火根等，2018；杨春等，2016）。种养结合不仅为农户和牧户（牧场）带来新增收入，还能经济合理地利用农村的自然经济资源，为农村的剩余劳动力提供就业机会，同时减少了环境污染，有利于农业生态环境的良性循环（崔海燕和白可喻，1999）。种养结合的混合农业系统可以提高生产力和土地使用效率（Franzluebbers，2007），提高农民的盈利能力，实现收入的多样化（Allen等，2007），节约外部投入品成本等方式实现经济效益的提高，同时也能够保留营养（Acosta-Martinez，2004）。江苏省养猪业与玉米、花生种植的结合模式与传统的种养分离生产模式的对比研究结果表明，示范猪场和示范种植基地结合的经济效益明显高于传统种养分离带来的经济效益（Wang等，2013）。朔州市150个规模化奶牛场用青贮玉米代替传统玉米秸秆喂饲方式之后每吨牛奶的饲料生产成本降低了300元，每头产奶牛日产奶量增加3公斤，而且牛奶品质明显提高，平均乳蛋白率3.2%以上、乳脂率达4.0%左右（尹晓青，2018）。南方"畜禽—冬种马铃薯"种养结合模式与单施化肥的产出效果对比得出，种养结合模式的养分利用率高，产出效果更好（龚国义，2017）。相比于传统的种养分离生产，"果园+养鸡"和"猪—沼—果"的立体种养结合生态模式，通过增加土壤肥力提高水果品质（王浩等，2014；傅桂英和刘世彪，2019）。"稻—鸭"共养的复合式种养结合系统能有效发挥稻田多功能生产能力，从而使现代水稻生产从主要依靠化肥、农药和除草剂转变为发挥稻田综合生态功能，实现水稻节本增效可持续发展功能（禹盛苗等，2005）。王晓飞和谭淑豪（2020）、黄炜虹（2019）研究发现，参与"稻—虾"共养模式的农户亩均收入远高于单纯种植水稻农户的亩均收入。Hu 等（2016）研究发现，在水稻亩均投入成本既定的情况下，"稻—虾"共养模式有利于增加产出的数量和产出的种类，实现一水双收的效果，而且当小龙虾产量不超过 112 公斤/亩，水稻产量不会受到影响。种养一体化的生产模式降低了生物多样性的损失以及低环境效率的风险，但这样的混合系统也更脆弱，要求制定专门的农村发展政策，将多样化作为可持续发展的杠杆，考虑到土地碎片化和开发更高附加值的产品链，利用区域畜牧业的空间流动能力，必须鼓励加强集体行动，使畜牧业养殖主体能够从中收益（杨春等，2016；Alary 等，2019）。而种养结合模式不仅提高经济效益，也会提高农牧业的生产效率（李绍亭等，2019；彭艳玲等，2019）。李绍亭等（2019）测算山东 234 个示范家庭农场生产经营效率发现，种养结合类农场发展势头较好，纯种植类家庭农场发展滞后且综合技术效率和纯技术效率最低。"青贮玉米+养殖"种养结合模式可以提高粪肥、化肥以及水和土地等投入要素的利用率从而提高种植和养殖业的综合效率（彭艳玲等，2019）。

　　奶业是畜牧业的重要组成部分，奶业可持续发展是农业结构调整和现代畜牧业供给侧结构性改革的必然需要。尽管中国奶业发展取得了长足进步，但优质饲草料不足、竞争力不强、养殖效益低和环境保护约束紧迫等因素制约着奶牛业可持续发展（赵俭等，2019）。"青贮玉米+奶牛"的内循环种养结合模式能降低饲草（料）的运输成本，奶牛粪便作为有机肥为青贮玉米的种植提供养分，同时减少化肥的使用量，实现经济效益和生态效益协同发展（李林和乌云花，2023）。还田利用是规模化奶牛场粪污资源化和无害化处理最有效和最可行的途径之一，不仅能够减少农田化肥投入，还能有效改良土壤、提高作物品质（Fan 等，2018）。

综上所述，种养结合模式能够实现生态效益、经济效益和社会效益在内的综合效益的提升。但依据课题组成员实地调研情况，调研区域奶牛养殖牧场和农户参与奶牛业内部和外部循环种养结合模式的比例和强度并不高。根据诱致性技术变迁理论，农牧业生产经营者选择新技术或新生产模式的内在动力是实现经济利益的最大化，只要新技术或生产模式具有足够的经济利益就会形成"不推自广"的局面（张骏逸，2018）。与"稻—虾"和"果—禽"共养种养结合模式不同，奶牛业种养结合模式并非是同一土地范围内的立体种养结合模式，而是饲草种植耕地与奶牛养殖牧场间有一定的距离，会产生运输成本。而且规模化奶牛养殖场基本没有足够的耕地资源，牧场无论实现内部循环种养结合模式还是实现外部循环种养结合模式都需要与农户协商耕地流转或饲草料和粪肥购销事宜，由于牧场和农户经营规模的显著不匹配，导致农户与牧场之间存在较高的交易成本，需要中介组织介入来降低交易成本。因此，与单个主体同一耕地内的立体式种养结合模式不同，奶牛业种养结合模式必须保证各参与主体（牧场、农户和中介）都能实现经济效益，奶牛业种养结合模式才能有效运行。然而，现有文献很少对奶牛业种养结合模式的经济效益进行实证检验。

1.3.3 种养结合生态模式的形成及影响因素

现有种养结合生态模式的形成的研究主要集中在单个主体的内部循环的种养结合生态模式采纳行为以及影响因素的探讨，基本聚焦于农户对"稻—虾"共作种养模式采纳行为的影响因素的研究。影响农户参与种养结合生态模式的因素主要包括农户个体特征、家庭经营特征、社会资本、农户认知特征等微观层面的因素；政府培训（杨兴杰等，2020a）、政府补贴、政府政策支持（杨兴杰等，2020a）、技术扩散渠道（黄炜虹，2019）等宏观、中观层面的影响因素。

杨兴杰（2020a）研究农户稻虾共养技术采纳意愿的影响因素发现，

户主性别、村干部身份、种植规模、农业纯收入、稻虾共养技术的认知、经济效益认知和邻里效应对农户稻虾共养技术采纳意愿显著正相关；户主年龄和耕地细碎化程度与农户采纳稻虾共养技术意愿显著负相关；政府技术培训、农业政策支持和农业技术补贴对农户采纳意愿的影响程度均不显著。杨兴杰（2020b）研究农户社会资本对稻虾共养技术采纳行为和采纳强度的影响发现，社会资本对农户技术采纳行为和采纳程度均有显著的正向影响。农户对新技术采用是一个动态的多级过程（Efthalia and Dimitris，2003），经历了前期认知、是否采纳、采纳强度和采纳经济效应等多个阶段（黄腾等，2018）。个体认知是行为主体产生意向和行为的内生源头（丰雷等，2019）。对技术的感知易用性是影响农户生态种养模式采纳行为发生和采纳强度提高的重要因素，除此之外，经济效应才是农户采纳行为发生和提高采纳强度的根本驱动力、决定性因素（陈雪婷等，2020）。而奶牛业的种养结合与"稻—虾"和"稻—鸭"共养等模式不同，农户、中介机构以及牧场的利益是一个连接的共同体，牛奶的价格可能直接影响农户牧草的收益，而籽粒玉米和牧草等的价格也会影响奶牛场的成本。李林和乌云花（2023）的研究也表明，奶牛场对饲草（料）的需求量虽然大，但是考虑到交易成本，无法跟农户逐一对接，需要中介在"农户种植+奶牛场养殖"模式中起到联结作用。因此，农户、中介、奶牛场三者的利益联结机制影响着种养结合模式的发展。

　　除农户特征、农户认知等微观因素外，政府的支持政策也是推动种养结合的关键因素。对新技术或者新模式的推广主要在于农户是否认可此类技术，农户越了解"稻—虾"共养技术，采纳该技术的意愿就会越高（吴雪莲等，2017），政府培训能够提高农户对"稻—虾"共养技术的采纳意愿，但是农户所积累的生产资金有限，仅仅依靠农户积累的资金进行生产投入是远远不够的，因此，政府进行农业支持保护补贴不仅能够减轻农户的经济负担，而且可以提高农户采纳"稻—虾"共养技术的意愿（杨兴杰等，2020b）。而技术扩散渠道显著影响农户采纳种养结合生态模式行为（黄炜虹，2019）。政府对种养结合技术推广是农户获取技术信息的主要渠道之一，因为政府进行推广有利于提高农户对稻虾共养技术的全面认知，降低农户决策风险，从而会增加农户对相关新技术的采纳意愿（杨兴杰等，2020b）。陈雪婷等（2020）发现，农户对"稻—虾"共养技术的感知易用性和感知有用性是影响其采纳行为和采纳强度的重要因素，且稻虾共作模式的采纳对提高农户农业收入有显著的影响，根据内生转换模型的反事实假设下，实际采纳稻虾共作模式的农户若未采纳，其亩均净收入将下降 50.78%，实际未采纳稻虾共作模式的农户若采纳，其亩均净收入将增加 44.55%。

政府大力支持绿色环保的循环农业种养结合模式实施，2019 年，农业农村部颁布了《国家质量兴农战略规划（2018—2022 年）》，明确提出大力推进种养结合型循环农业试点，集成推广"猪—沼—果"、稻鱼共生等成熟适用技术模式，加快发展种养结合的生态循环农业。同时，在政策引导下，地方政府因地制宜地推动农业种植模式向生态农业模式转型升级；加之市场的作用，农户对生态种养模式进行了积极实践。近年来，内蒙古也提出种养结合相关政策，实施草食动物种养结合示范区，大力推动牧场以及牧户和种植户之间结合。

综上所述，现有研究种养结合模式影响因素的文献主要集中在农户采纳"稻—虾"共养的立体式种养结合模式采纳行为的微观农户特征、家庭特征、农户内在感知以及社会资本等因素和中观层面、宏观层面的技术培训、补贴政策等因素。奶牛业种养结合模式的形成并非单纯是单个主体内部的种养技术的采纳行为，更多是多个参与主体间的协调行为。因此，除上述微观、中观和宏观因素外，不同参与主体间的交易环境特征也会影响奶牛业内部和外部循环种养结合模式的形成。

1.3.4 文献述评

国内外学者对种养结合模式的演变、发展形式、影响因素、实践及效果等方面进行了较为翔实的研究。从种养结合的发展演变来看，从早期简单的种养结合模式逐渐向专业化、产业化转变，然后种养又开始分离，种养分离又导致养殖（或种植）成本的提高以及环境污染日益严峻，因此种养模式又从专业化、产业化经营正在向现代化生态种养深度结合模式转变。多数学者认为种养结合模式的作用体现在提高土壤生产力、提高农民收入、节约成本等方面的经济效益和保留土壤营养、控制害虫和杂草、减少温室气体排放、控制水和空气的污染等方面的环境效益上。虽然国内外学者研究多数结论认为种养结合模式有很多优点，如能够很好地解决环境污染问题、农产品比较效益低下等一系列问题，政府也在积极鼓励和推广，但是我们在调研中发现种养结合模式推广还是不尽如人意，农户参与积极性不是很高。问题出在哪里？种养为什么合了又分，分了又合？种养结合方面现有的国内外文献为本书研究奠定了很好的研究基础，但现有文献存在如下不足：

第一，多主体参与的种养结合模式的关注不足。现有种养结合模式的文献更多关注农户采纳的"稻—虾"共养为主的单个主体内部循环的立体式种养结合模式。而奶牛业种养结合模式包括内部循环种养结合模式和外部循环种养结合模式两类，其中外部循环种养结合模式是"农户种植+牧场养殖"的多主体参与的种养结合模式。与单主体参与的种养结合模式不同，多主体参与的种养结合模式的形成受不同主体之间的信息搜寻、协商谈判和执行等成本的影响。因此，本书不仅关注牧场单独参与的内部循环种养结合模式，还关注牧场和农户共同参与的外部循环种养结合模式。

第二，从整体性视角出发，对奶牛业种养结合模式的形成机理的探讨相对薄弱。通过对种养结合模式文献的梳理，发现现有文献更多的是从一个或几个影响因素层面探讨农户参与种养结合模式的行为决策，虽然也采用交互效应或中介效应的分析，但始终是对种养结合模式形成的局部拆解。而奶牛业种养结合模式的形成是一个复杂的决策过程，涉及牧场和农户的内外部政策环境、市场环境、社会化服务环境、内在感知、资源禀赋以及生产经营能力和交易能力等诸多因素的影响，因此更需要从整体视角对驱动奶牛业种养结合模式的形成机理进行梳理。另外，奶牛业种养结合模式包括内部循环种养结合模式和外部循环种养结合模式，由于参与主体和实现方式存在差异，内部和外部循环种养结合模式可能存下不同的关键影响因素以及形成机理。因此，本书采用多案例的扎根理论方法，提炼影响奶牛业内部和外部循环种养结合模式的关键影响因素，基于交易成本理论、环境规制理论、农户行为理论和成本收益理论构建奶牛业内部和外部循环种养结合模式的形成机理理论分析框架，从整体探讨奶牛业种养结合模式的形成过程。

第三，在种养结合模式的外部因素的研究中，鲜少探究交易成本的阻力因素和社会化服务的调节因素的作用和机制。通过现有文献的梳理发现，现有文献重点考察政府的补贴、政府培训、政府支持政策以及技术扩散渠道等外部影响因素。而现阶段中国规模化奶牛养殖场并没有足够的耕地资源，牧场实现种养结合模式，无论内部循环种养结合模式还是外部循环种养结合模式，都与农户协商耕地流转或饲草料和粪肥购销事宜，由于牧场和农户经营规模的显著不匹配，导致农户与牧场之间存在较高的交易成本，可能需要提供社会化服务的中介组织介入来降低交易成本。因此，奶牛业种养结合模式的形成不仅受到政府政策的激励因素和技术环境因素的影响，还受耕地流转交易成本以及饲草和粪肥购销的交易成本的阻力因素和社会化服务的调节因素的影响。

第四，奶牛业种养结合模式的经济效益的实证检验文献相对较少。种养结合模式能否实现高的经济效益是该模式持续发展的关键。通过对现有文献的梳理发现，现有种养结合模式经济效益的文献，尤其是奶牛业种养结合模式的经济效益的文献主要采用描述性统计分析方法对比分析牧场采纳种养结合模式前后的成本收益，得出牧场采纳种养结合模式的经济效益高低的结论，鲜有文献采用实证分析方法检验奶牛业种养结合模式的参与主体牧场和农户参与种养结合模式之后的经济效益。因此，本书采用QCA和内生转换模型检验牧场采纳内部循环种养结合模式的经济效益和农户参与外部循环种养结合模式的经济效益。

1.4　研究目标与研究内容

1.4.1　研究目标

基于以上文献综述和理论缺口，本书研究的总体目标是立足于当前中国奶牛业发展现状，深入探究奶牛业种养结合模式的形成机理及经济效益问题，从微观牧场、农户和合作社的实地调研中提炼奶牛业种养结合模式形成的关键影响因素，探究奶牛业内部和外部循环种养结合模式形成机理，实证分析奶牛业种养结合模式参与主体的参与决策以及经济效益，归纳研究结论，为进一步推进奶牛业种养结合模式的发展提供针对性的政策建议和思路。本书具体目标如下：

研究目标一：提炼奶牛业内部和外部循环种养结合模式形成的关键因素，构建奶牛业内部和外部循环种养结合模式的形成机理的分析框架。本部分主要对牧场和农户进行开放式访谈，获取一手资料，并采用多案例的扎根理论的研究方法提炼影响奶牛业内部和外部循环种养结合模式形成的关键因素，再利用经济学相关理论构建奶牛业种养结合模式形成机理的理论分析框架。

研究目标二：实证检验奶牛业内部和外部循环种养结合模式的形成。根据本书研究目标一，确定影响奶牛业内部和外部循环种养结合模式形成的影响因素，并采用成本收益理论、交易成本理论、环境规制理论和农户行为理论等经济学理论分析上述因素对奶牛业内部和外部循环种养结合模式形成的影响机制，再利用实地调研数据进行实证检验。

研究目标三：实证检验奶牛业内部和外部循环种养结合模式经济效益。一方面，选择参与内部循环种养结合的牧场，采用 QCA 方法实证检验参与内部循环种养结合模式牧场实现高经济效益的能力组态。另一方面，采用内生转换模型的方法实证检验外部循环种养结合模式对参与和未参与农户的经济效益的影响，为奶牛业种养结合模式的可持续发展提供经济学依据。

研究目标四：归纳总结研究结论，并根据研究结论对奶牛业种养结合模式进一步提出针对性的政策建议。

1.4.2 研究对象与研究内容

1.4.2.1 研究对象

奶牛业种养结合模式的形成包括两个基本主体：一是奶牛养殖牧场，二是农户。根据牧场和农户是否参与奶牛业种养结合模式以及参与的不同形式，将农户和牧场分成以下 6 种类型：农户类型有三种，农户 1：不参与种养结合模式；农户 2：参与"农户种植+牧场养殖"的外部循环种养结合模式；农户 3：参与"农户种植+农户养殖"的农户内部循环种养结合模式。牧场类型有三种，牧场 1：不参与种养结合模式；牧场 2：参与"农户种植+牧场养殖"的外部循环种养结合模式；牧场 3："牧场种植+牧场养殖"的内部循环种养结合模式。考虑到近年来由于奶牛业规模养殖的推行，小规模散户纷纷退出奶牛养殖业，参与"农户种植+农户养殖"的农户内部循环种养结合模式的农户数量很少，因此本书只考虑"农户种植+牧场养殖"的外部循环种养结合模式和"牧场种植+牧场养殖"的内部循环种养结合模式两种，其中内部循环种养结合模式的参与主体是奶牛养殖牧场，而外部循环种养结合模式的参与主体是奶牛养殖牧场和饲草种植农户。因此，本书的研究对象是奶牛业内部循环和外部循环两种种养结合模式，研究主体是牧场和农户，如图 1-1 所示。

1.4.2.2 研究内容

本书从牧场和农户实地调研资料入手，提炼影响奶牛业内部和外部循环种养结合模式的关键因素，探究奶牛业内部和外部循环种养结合模式的形成机理及经济效益，旨在为奶牛业种养结合模式的进一步发展提供微观主体的经验证据。本书主要讨论以下两个问题：问题一：影响奶牛业内部

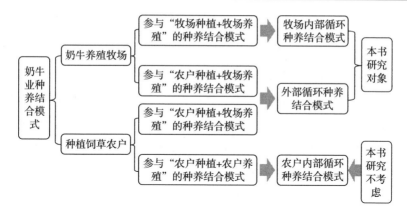

图 1-1 本书的研究对象

和外部循环种养结合模式形成的关键因素有哪些？这些因素如何作用导致奶牛业内部和外部循环种养结合模式的形成（第 4 章、第 5 章和第 6 章）？问题二：奶牛业内部和外部循环种养结合模式是否带来高的经济效益？实现高经济效益的路径是什么（第 7 章）？基于上述两个研究问题，围绕研究目标，本书包括以下研究内容：

研究内容一：奶牛业内部和外部循环种养结合模式形成的关键因素的提炼以及形成机理的探究。本部分主要采用"贵牧场愿意采纳内部循环种养结合模式的主要原因是什么""贵牧场在采纳内部种养结合模式的过程中最大的阻碍是什么""贵牧场从农户购买饲草料的最大困难是什么""贵牧场将养殖粪污提供给附近农户最大的困难是什么""您把青贮玉米直接卖给奶牛养殖牧场的最大困难是什么"和"您从牧场获取粪肥的最大困难是什么"等开放性问题对牧场和农户进行开放式访谈，获取一手资料，并采用多案例的扎根理论研究方法提炼影响奶牛业内部和外部循环种养结合模式形成的关键因素，再利用经济学相关理论构建奶牛业内部和外部循环种养结合模式的形成机理。

研究内容二：实证和案例检验奶牛业内部和外部循环种养结合模式的形成（第 5 章和第 6 章）。首先，根据研究内容一，选择养殖效率和养殖利润两个重要的内部驱动因素，耕地交易成本和环境规制两类 6 个外部因素，再选择牧场养殖规模、养殖年限、受访者年龄和受教育程度 4 个控制变量，采用成本收益理论、环境规制理论和交易成本理论深入分析牧场参与内部循环种养结合模式的行为，并提出研究假说，利用实地调研数据进行检验。其次，选择参与"牧场+合作社+农户"的外部循环种养结合模式的 SM 牧场，采用案例分析方式分析环境规制、交易成本和合作社服务等视角分析牧场参与外部循环种养结合模式的行为。最后，选择政策激励和交易成本两类 6 个外部环境变量，3 个农户内在感知变量，4 个资源禀赋变量，受访者年龄、受教育程度和是否当过村干部 3 个控制变量，结合农户行为理论、交易成本理论、制度经济学理论以及行为经济学理论分析外部环境、内在感知和资源禀赋对农户参与外部循环种养结合模式行为的影响机制，利用实地调研数据进行实证检验。

研究内容三：奶牛业内部和外部循环种养结合模式的经济效益分析（第 7 章）。一方面，本书结合组态理论和企业能力理论，构建内部循环种养结合的牧场实现高经济效益的理论分析框架，采用 QCA 方法检验内部循环种养结合模式实现牧场高水平经济效益的路径。另一方面，利用实地调研数据，采用内生转换模型实证分析农户参与外部循环种养结合模式的经济效益。

1.5 研究方法与数据来源

1.5.1 研究方法

本书总体上采用定性与定量分析方法相结合，为了达到预期研究目标具体涉及文献研究法、实地访谈法与质性研究法、问卷调查法、描述性统计法、案例研究法与实证分析等方法。

1.5.1.1 文献研究法

针对与本书内容相关的文献进行阅读、整理及综述。文献研究是确定全书研究思路的基础，对具体研究内容的理论分析、模型与变量选择起到指导性作用。通过阅读相关文献确定本书的重点研究内容与创新之处，梳理研究思路。

1.5.1.2 实地访谈法与质性研究法

实地访谈法是指与研究对象面对面访谈，通过有针对性的谈话来获得需要的资料与数据；质性研究法是以研究者本人作为研究工具，在自然情境下，采用多种资料收集方法（访谈、观察、实物分析），对研究现象进行深入的整体性探究，从原始资料中形成结论和理论，通过与研究对象互动，对其行为和意义建构获得解释性理解的一种活动。本书第4章首先采用实地访谈法获取影响牧场和农户参与或不参与奶牛业内、外部循环种养结合模式的行为决策的主要因素的一手数据；其次采用质性研究的分析归纳法提炼影响奶牛业内、外部循环种养结合模式形成的主要影响因素；最后构建奶牛业种养结合模式形成的理论分析框架。

1.5.1.3 问卷调查法

问卷调查法被广泛应用于社会调查中，调研所需问卷通常围绕研究主题的相关方面展开，以表格、选择、设问等形式为主。研究者通过问卷对某一科学问题或研究对象逐渐加深了解，从而收集科学、可靠的资料。本书计划按照内蒙古奶牛养殖牧场和农户情况进行的实地调研与访谈，并采用问卷调研牧场和农户详细的生产状况与家庭情况，收集问卷后进行进一步整理与分析，适当摒弃不合理数据资料，为本书的实证分析提供科学的数据基础。

1.5.1.4 描述性统计法

描述性统计分析是指将收集到的数据资料按照某个标准进行分类、计算、概括介绍，不仅对调研数据总体上有所了解，还可以从多个角度描述数据特征。本书采用该方法对调研数据样本特征、中国奶牛业发展的整体水平及变化趋势、中国草产业发展情况以及奶牛业的粪污环境污染等情况进行统计分析，并且通过横向比较与纵向比较分析不同时点、不同地区奶牛业发展状况进行交叉对比，试图发现规律与现实问题，引出后续内容的切入点。

1.5.1.5 案例研究法

本书第 4 章和第 6 章的 6.1 采用案例研究方法。在第 4 章采用多案例的扎根理论的三级编码方式提炼影响奶牛业内部和外部循环种养结合模式形成的关键影响因素，并结合交易成本理论、成本收益理论、农户行为理论以及环境规制理论厘清各关键因素之间的关系，构建奶牛业内部和外部循环种养结合模式的形成机理。在第 6 章的 6.1 采用案例分析的方法分析牧场参与奶牛业外部循环种养结合模式的行为。

1.5.1.6 实证分析

本书的第 5 章、第 6 章的 6.2 和第 7 章运用计量经济学模型来实现预期研究目标。在第 5 章中，首先采用二元选择模型和调节效应模型，从养殖利润、养殖效率、交易成本和环境规制角度实证分析牧场参与内部循环种养结合模式的行为，其中养殖效率用 DEA 模型测算。在第 6 章的 6.2 采用二元选择 Logit 模型和中介效应模型，从农户内在感知、政策激励和交易成本视角实证检验农户参与外部循环种养结合模式的行为。在第 7 章中，首先采用 QCA 方法检验内部循环种养结合模式的牧场实现高水平经济效益的条件组态路径；其次采用内生转换模型检验农户参与外部循环种养结合模式的经济效益。

1.5.2 数据来源

本书主要通过以下两个途径获取研究数据。

1.5.2.1 微观牧场和农户的实地调研数据

本书牧场和农户的微观数据来自课题组于 2021 年 7 月、2022 年 1 月及 7 月在内蒙古东部、中部、西部地区的 10 个奶牛业种养结合试点县的实地调研数据（见表 1-1）。

表 1-1 样本分布情况 单位：户，个

盟市区	农户样本量	盟市区	牧场样本量
巴彦淖尔市	141	巴彦淖尔市	23
包头市	115	包头市	7
呼和浩特市	167	呼和浩特市	17
赤峰市	139	赤峰市	11
兴安盟	52	兴安盟	8
合计	614	合计	66

本次调研数据抽样采用分层抽样和随机抽样相结合的方法，具体抽样说明如下：第一，根据 2020 年内蒙古各盟市牛奶产量情况和内蒙古奶牛业东部、中部、西部地区发展的不同特征以及样本可得性等因素选取中部的呼和浩特市和包头市，西部的巴彦淖尔市，东部的赤峰市和兴安盟等5 个盟市，2020 年上述 5 个盟市总牛奶产量占内蒙古总牛奶产量的 61%，在一定程度上能够代表内蒙古奶牛业的发展情况。第二，根据上述 5 个盟市各旗县奶牛业种养结合模式的发展情况，选择赤峰市的翁牛特旗和阿鲁科尔沁旗，兴安盟的科右前旗，呼和浩特市的和林格尔县、托克托县和土默特左旗，包头市的土默特右旗和九原区，巴彦淖尔市的杭锦后旗和磴口县 10 个奶牛养殖种养结合试点旗（县）。第三，在每个旗县随机选取2 个乡镇。第四，农户样本抽取时，基于已选取乡镇的基础上，在每个乡镇随机抽取 3 个村（在巴彦淖尔市的杭锦后旗和磴口县以及赤峰的翁牛特旗和阿鲁科尔沁旗，为了重点研究农户的饲草料种植情况，每个乡（镇）随机抽取了 4 个村）；每个村随机抽取 10 户农户，其中 5 户农户参与种养结合模式，5 户农户未参与种养结合模式；牧场样本抽取时，基于已抽取乡镇的基础上，每个乡镇抽取三个奶牛养殖牧场，其中第一个是实现内部循环种养结合牧场，第二个是参与外部循环种养结合牧场，第三个是没有参与种养结合牧场。在实地调研时根据乡镇及村里的具体情况，对样本量进行了微调，最终获得 618 户农户样本和 66 个牧场样本。剔除部分数据缺失和其他信息不合理的样本后，最终有效的农户样本为 614 户，

农户样本有效率为 99.35%，有效的牧场样本为 66 个。调研过程采用"一对一"的访谈的方式，调研人员当面访问农户和牧场负责人并填写调研问卷。

牧场问卷的具体内容包括牧场基本情况、牧场种养结合情况、饲草种植投入产出情况、奶牛养殖投入产出情况、牧场资产负债情况、粪污处理情况、环境规制认知情况、获得政府补贴情况以及受访者的特征信息。农户问卷具体内容包括农户个人特征、耕地情况、种养结合情况、粪肥投入情况、固定资产情况、种植业生产情况、养殖业生产情况、种养业生产成本收益情况、家庭全年收支情况、借贷情况以及其他信息。调研方式选择一对一问答形式，最终获得 618 户农户样本和 66 个牧场样本，剔除掉因录入错误、数据缺失及异常数值样本后，农户有效问卷有 614 份，有效率达 99.35%，牧场有效问卷为 66 份，有效率达 100%。

1.5.2.2　宏观统计数据

本书采用的宏观数据主要来自国家统计局发布的历年《中国奶业年鉴》《中国奶业统计资料》《中国农村统计年鉴》《中国人口和就业统计年鉴》《中国畜牧业年鉴》与《全国农产品成本收益资料汇编》，内蒙古自治区统计局发布的历年《内蒙古统计年鉴》《内蒙古草业统计》与调研盟市统计年鉴。

1.6　本书的结构与技术路线

本书共由 8 章内容组成，具体章节安排如下：

第 1 章　引言。分别从宏观政策、畜牧业和奶牛业发展情况以及现实困境和中国的基本国情等方面展开阐述，提出本书的切入点。在阐明研究主题的基础上，首先对种养结合模式的发展、种养结合模式的效益以及种养结合模式的参与决策等方面进行文献综述，其次通过对国内外关于该主题文献的阅读、整理和分析，对相关研究的发展脉络进行梳理与总结，最后通过文献述评确定本书的研究切入点，构建全书的研究思路与框架，明确需要解决的关键问题。在确定研究目标与内容后，选择适合的研究方法，梳理全书的技术路线，针对主要内容与全书安排做简要介绍。最后，针对全书的创新点与不足之处进行阐述。

第2章 概念界定和理论基础。首先，对本书的相关概念进行阐述，分别包括种养结合模式和经济效益等。在明确了概念界定的前提下，围绕成本收益理论、环境规制理论、交易成本理论、扎根理论、组态理论和农户行为理论等进行简要介绍。通过界定概念与理论分析，结合文献梳理，构建全书的理论分析框架，并为模型分析应用奠定基础。

第3章 研究区域奶牛业发展现状与样本特征。一方面，采用统计年鉴数据从目前奶牛业发展成就、现阶段发展的困境以及发展潜力等角度统计描述内蒙古奶牛业的过去、现在以及未来情况。另一方面，采用描述性统计分析方法分析本书所用微观调研问卷的设计以及样本的基本特征。

第4章 奶牛业种养结合模式形成机理的扎根理论分析。本章采用实地访谈法，对牧场、合作社和农户进行非结构化的访谈，获取一手资料，采用多案例的扎根理论研究方法提炼影响牧场和农户参与种养结合模式的关键影响因素，依据经济学相关理论构建奶牛业内部和外部循环种养结合模式形成机理。

第5章 奶牛业内部循环种养结合模式形成的实证检验。奶牛业内部循环种养结合模式的形成本质上是奶牛业养殖牧场流转耕地实现"牧场种植饲草+牧场养殖"的过程，即奶牛养殖牧场参与内部循环种养结合模式行为的形成过程。因此，本章基于第4章的内部循环种养结合模式形成机理的扎根理论分析结果，选择养殖利润、养殖效率、环境规制政策和耕地流转交易条件等因素，采用二元选择模型和调节效应模型实证检验奶牛业内部循环种养结合模式的形成。

第6章 奶牛业外部循环种养结合模式形成的案例及实证检验。牧场和农户的参与是奶牛业外部循环种养结合模式形成的关键环节。因此，本章从牧场和农户参与外部循环种养结合模式行为角度，采用案例分析和实证检验奶牛业外部循环种养结合模式的形成。一方面，依据第4章外部循环种养结合模式的形成机理，采用案例分析的方法，选择参与"牧场+合作社+农户"的外部循环种养结合模式的牧场，分析环境规制的推力因素，交易成本的阻力因素以及合作社服务的调节因素如何影响牧场参与外部循环种养结合模式的行为。另一方面，实证分析方法分析农户参与外部循环种养结合模式的行为。依据农户行为理论，农户生产行为是理性选择，经济效益最大化是农户生产行为的根本动因，但农户尚未实施某项行为前并不知道该行为能带来的实际经济效益有多少，而是综合考虑内部资源禀赋和外部环境的激励或约束之后的内在感知指导行为。因此，本章选择外部政策激励和交易成本变量、农户自身的资源禀赋和内在感知变量分析农户参与外部循环种养结合模式行为及作用机制。

第7章　奶牛业内部和外部循环种养结合模式经济效益的实证检验。奶牛业内部和外部循环种养结合模式是否实现参与主体的高经济效益是奶牛业种养结合模式可持续发展的关键。一方面，基于组态的理论，探究内部循环种养结合模式实现参与牧场高经济效益的条件组态路径。实现高水平经济效益是牧场采纳内部循环种养结合模式的内在动因，也是内部循环种养结合模式可持续发展的关键。但并非所有采纳内部循环种养结合的牧场都能实现高水平经济效益，且经济效益的实现受多种因素共同作用的结果，而非单因素起到决定性作用。因此，采用QCA的方法，构建生产能力、产品交易能力和要素交易能力影响内部循环种养结合牧场实现高水平经济效益的理论模型，识别内部循环种养结合牧场实现高水平经济效益的能力条件组态，梳理内部循环种养结合牧场的高水平经济效益的实现路径。

另一方面，分析外部循环种养结合模式的经济效益。外部循环种养结合模式能否真正实现参与农户的高经济效益是奶牛业外部循环种养结合模式可持续发展的关键。但由于农户的参与行为是在内外部因素共同作用下做出的自选择行为，存在自选择行为引起的内生性问题。为消除样本自选择的内生性问题，本章采用内生转换模型反事实检验方法实证检验参与和未参与外部循环种养结合模式农户的经济效益。

第 8 章 结论及建议。本章内容为全书的结论及政策建议。结合前文的理论研究与实证分析，总结、凝练本书的主要观点与结论；根据研究结论提出有针对性的对策建议，保障奶牛业种养结合模式进一步推广工作顺利实施。

本书的技术路线如图 1-2 所示。

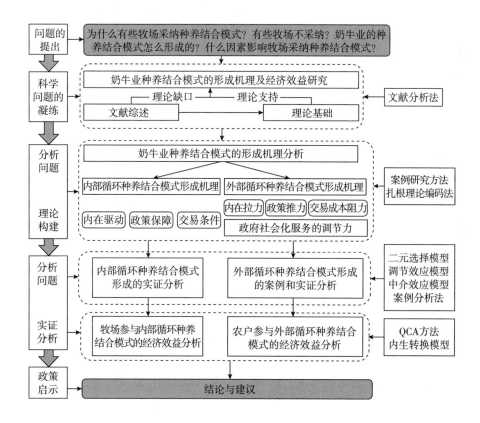

图 1-2 本书的技术路线

1.7 创新点

第一，构建奶牛业内部和外部循环种养结合模式的形成机理。现有种养结合模式的研究主要集中在种养结合模式的演化和效益层面，有些学者也关注种养结合生态模式的形成机理（陈雪婷等，2020；杨兴杰等，2020a）。但现有种养结合模式形成机理的研究更多关注"稻—虾"共养的农户内部嵌套式种养结合模式的形成机理，而对多主体参与的奶牛业种养结合模式形成机理的关注度不足。显然，理论界对种养结合模式的形成并没有达成一致的观点。因此，本书采用多案例扎根理论的方法，基于实地调研的半结构化访谈资料，从奶牛业种养结合模式的实践出发凝练影响奶牛业内部和外部循环种养结合模式形成的关键影响因素，从内在驱动和外在推力、阻力和条件视角构建奶牛业内部和外部循环种养结合模式的形成机理，补充了现有文献对奶牛业种养结合模式形成机理关注的不足问题，为今后奶牛业种养结合模式形成的研究提供理论框架。

第二，本书发现了奶牛业种养结合模式形成的交易成本阻力因素。现有种养结合模式形成机理及影响因素的文献主要从政府的补贴、政府培训、政府支持政策以及技术扩散渠道等外部影响因素和农户资源禀赋、内在感知以及个体特征视角探究种养结合模式的形成以及农户参与种养结合模式行为，而对种养结合模式形成的外部阻力因素探究较少。本书的扎根理论和实证检验结果均表明，耕地流转交易成本条件是奶牛业内部循环种养结合模式形成的主要外在阻力因素，农户与牧场间购销饲草料和粪污的交易成本是奶牛业外部循环种养结合模式形成的最主要外部阻力因素。

第三，本书解决了奶牛业外部循环种养结合模式经济效益实证检验环节存在的内生性问题。现有奶牛业种养结合模式经济效益的文献主要采用描述性统计分析方法对比分析牧场和农户参与种养结合模式前后的成本收益变化，大样本实证检验的文献相对较少。而且外部循环种养结合行为对参与主体（牧场和农户）经济效益的影响具有很强的样本自选择问题，因此本书基于实地调研的农户数据，建立种养结合模式的经济效益水平的内生转换模型，比较处理组和控制组在现实和反事实情况下的经济效益的期望值，估计平均处理效应和异质性效应，然后对处理组和控制组的经济效益平均处理效应进行比较，分析是否存在显著差异，以此来评估农户参与外部循环种养结合模式的效果，而鲜有文献采用内生转换模型评估奶牛养殖业种养结合模式的经济效益。

第 2 章 概念界定和理论基础

依据研究内容，本章对相关概念和理论进行阐述，为奶牛业种养结合模式形成机理及经济效益的研究提供基础和支撑。本书涉及的相关概念主要有奶牛业、种养结合模式、奶牛业种养结合模式、经营效率和经济效益等，相关理论主要有交易成本理论、外部性理论、农户行为理论和生产者行为理论。

2.1 概念界定

基本概念界定是研究对象及所涉及内容划分的依据，是研究的前提和基础。因此，要研究奶牛业种养结合模式形成机理及经济效益，有必要对本书中所涉及的奶牛业、种养结合模式、经营效率以及经济效益的概念进行界定，其他涉及的相关概念会在书中相应位置进行必要阐释。

2.1.1 奶牛业

奶牛业是指人类利用奶畜的生理功能，通过饲养、繁殖和管理等人类活动，将牧草和饲料等植物能转换为动物能，并满足人类社会对优质的乳制品和肉等畜产品需求的一种生产部门。奶牛业属于大农业范畴，业务横跨一二三产业的系统工程。奶牛业从事的业务可以分为广义和狭义奶牛业，广义的奶牛业包括奶畜繁育，奶畜饲养，饲料调制，疾病防治，奶的收集、加工、储藏、运输，市场营销等业务环节，广义奶牛业的微观主体包括奶畜繁育场、奶畜养殖场、饲草料加工厂、乳制品加工厂、奶畜养殖技术服务公司以及牛奶产品运输公司等相关企业。而狭义的奶牛业仅包括奶畜繁育，奶畜饲养，饲料调制，疾病防治，牛奶的收集、加工等业务环节，狭义奶牛业的微观主体仅是奶牛养殖场，养殖场可以为奶牛养殖业务而自行从事奶牛繁育、饲料调剂、疫病防治、牛奶收集以及初级奶产品加工等业务，但专门从事奶畜繁育、饲草料加工、乳制品加工以及奶畜养殖技术服务的机构不属于狭义奶牛业的范畴。

本书研究的奶牛业特指狭义的奶牛业，为进一步精确和明晰学术研究的对象，在遵循狭义奶牛业的基本内涵的基础上，又增加了三方面限制：一是基于奶牛，主要包括专用型乳牛、乳肉兼用型等品种，而不包括水牛、牦牛等其他品种；二是研究的微观主体是奶牛养殖场，本书主要关注奶牛养殖场的种养结合模式的决策行为及经济效益，奶牛养殖场既包括股份制或有限责任制的奶牛养殖企业，也包括合伙制的奶牛养殖牧场或合作社，还包括个人投资的奶牛养殖大户；三是奶牛产奶的商品性用途，因基于经济学角度，所生产的牛奶最终以销售为主要目标，在销售过程中既可以是鲜奶形式直接销售，也可以是加工成初级乳制品后销售，但自食和其他用途的牛奶不在此研究范围。

2.1.2 种养结合模式

种养结合模式是在一定土地管理的区域内，利用现代农牧业生产技术（王淑彬等，2020）将种植业和养殖业科学、高效、有机地结合，使种植业与养殖业之间物质流、能量流顺畅流转起来，实现农牧资源的循环利用（见图 2-1），使农业活动对环境的有害影响最小化，农业生态环境系统保持相对平衡，最终达到农业生产过程的清洁化，农畜产品的绿色、有机化，以此实现农牧业经济效益、生态效益和社会效益最大化的一种生态循环农业生产经营模式（彭艳玲等，2019）。从其内涵分析，种养结合模式应具备以下五个特点：一是种养结合模式的目标是实现农畜产品的绿色、有机化。要达到这个目标必须在饲草料生产过程中用有机肥料（粪肥）部分替代化肥、农药等工业肥料，将化肥、农药施用量降至合理水平。二是种养结合模式的核心是循环（唐佳丽和金书秦，2021）。只有物质（饲草料、粪肥）和能量（氮、钾、磷等有机物质）在土地与动植物之间循环，才能保证工业肥料投入的减量化，实现肉、蛋、奶等畜产品的绿色、有机化。三是种养结合模式的关键是土地（刘玉满，2018）。维持畜禽生命和生产所需要的粗饲料和精饲料来源于土地，同时畜禽养殖的排泄物也需要一定规模的土地进行消纳（刘玉满，2018），土地是保证农牧业物质和能量进行循环的唯一载体。四是种养结合模式运行的保障是应用现代农牧业技术。实现种植养业的物质和能量有序循环，降低农畜产品化肥、药物以及微生物的残留，提高农畜产品有机物质，实现农畜产品绿色、有机化必须掌握畜禽粪污无害化处理技术、先进的养殖技术以及有机肥还田技术等农牧业先进技术。五是种养结合模式的最终结果是实现经济效益、生态效益和社会效益的最大化。

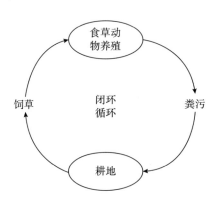

图 2-1　种养结合模式

基于不同的分类标准，将种养结合模式分成不同类型，本章主要从种植作物和养殖畜禽品种的不同组合、种植业和养殖业经营土地的同一性以及种植业和养殖业经营主体的同一性将种养结合模式分成不同的类型。

第一，根据种植作物和养殖畜禽品种的不同组合，将种养模式分为表2-1 所示的种养结合模式。

表 2-1　种植作物和养殖畜禽品种的不同分类种养结合模式

	粮食作物	饲草作物	经济作物
肉牛养殖	肉牛+粮食作物	肉牛+饲草作物	肉牛+经济作物
肉羊养殖	肉羊+粮食作物	肉羊+饲草作物	肉羊+经济作物
奶牛养殖	奶牛+粮食作物	奶牛+饲草作物	奶牛+经济作物
生猪养殖	生猪+粮食作物	生猪+饲草作物	生猪+经济作物
禽类养殖	禽类+粮食作物	禽类+饲草作物	禽类+经济作物
水产养殖	水产+粮食作物	水产品+饲草作物	水产+经济作物

根据养殖畜禽的不同，将种养结合模式可以分为肉牛业、肉羊业、奶牛业、生猪业、禽类业和水产业种养结合模式，且根据种植农作种类的不同又将特定行业的种养结合模式又细分为粮食作物、饲草作物和经济作物类组合形式。以奶牛业种养结合模式为例，奶牛业种养结合模式可以细分为"奶牛养殖+粮食种植"模式、"奶牛养殖+饲草种植"模式和"奶牛养殖+经济作物种植"模式。其中，肉牛、肉羊和奶牛是食草动物，口粮主要是饲草和少量的精饲料。在"肉牛/肉羊/奶牛+粮食作物/经济作物"的种养结合模式下，养殖业粪污（有机肥）能有效输送至种植业，减少种植业化肥、农药使用量，提高粮食作物和经济作物的有机含量，提升粮食作物和经济作物的质量和品质；但种植业的有机粮食和经济作物并不能作为饲草料输送至养殖业，而粮食和经济作物的秸秆作为饲草料输送至养殖业，故该种养结合模式属于传统的"秸秆+精饲料"的养殖模式，并不

能提高畜产品的有机含量、质量和品质，不符合本书界定的种养结合模式能够实现农畜产品的绿色、有机化的核心目标。而"肉牛/肉羊/奶牛+饲草作物"的种养结合模式能够实现饲草和粪污在种植和养殖业之间有效循环，实现农畜产品的绿色、有机化。对生猪和禽类种养结合模式而言，生猪和禽类属于食粮类动物，"生猪/禽类+粮食作物"的种养结合模式能够实现粮食和粪污在种植和养殖业之间有效循环，实现农畜产品的绿色、有机化，而"生猪/禽类+饲草作物/经济作物"无法实现畜产品的绿色、有机化。对水产种养结合模式而言，水稻和莲藕等水性作物和虾、小龙虾、海螺等水产共养的种养结合模式能够实现农畜产品的绿色、有机化，典型模式有"稻虾共养"和"莲藕+虾共养"的种养结合模式。因此，"肉牛/肉羊/奶牛+饲草作物""生猪/禽类+粮食作物"和"水产+粮食/经济作物"的种养结合模式属于本书研究的种养结合模式的范畴，而其他模式并非本书研究的种养结合模式的范畴。

第二，根据种植业和养殖业经营土地的同一性将种养结合模式分为立体式种养结合模式和非立体式种养结合模式。立体式种养结合模式是指将种植作物和养殖畜禽嵌套同一片土地范围内的种养结合模式，如草原放牧式养殖模式、"稻—虾"供养模式、"藕—鱼"供养模式以及"果—草—鸡"模式。非立体式种养结合模式是指种植业和养殖业空间上相互分离，养殖业一般采用圈养方式的种养结合模式，如"奶牛/肉牛+青贮玉米"种养结合模式，"猪—沼—果"模式等。

第三，根据种植业和养殖业经营主体的同一性将种养结合模式分为内部循环种养结合模式和外部循环种养结合模式。由于本书重点研究奶牛业内部和外部循环种养结合模式，因此下文重点介绍内部和外部循环种养结合模式。

2.1.2.1　内部循环种养结合模式

内部循环种养结合模式是养殖场根据养殖规模利用自有耕地或流转耕地的形式配套相应规模的土地，并种植养殖畜禽所需的粮食和饲草等经济作物，同时将畜禽粪便进行无害化处理后作为种植业有机肥料进行还田，减少化肥、农药等工业肥料投入，实现农畜产品绿色、有机化的同时减少环境污染的种养一体化养殖模式。内部循环种养结合模式的实施主体是畜禽养殖场（养殖户），关键是利用自有或流转方式配套养殖规模相对应的耕地规模。内部循环种养结合模式对养殖场管理带来很大挑战，养殖场管理人员应当充分懂得农作物种植技术、粪便管理技术、养殖技术和土地保养技术等种养业先进技术。内部循环种养结合模式如图2-2所示。

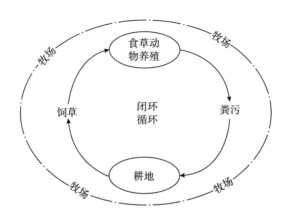

图 2-2　内部循环种养结合模式

2.1.2.2　外部循环种养结合模式

外部循环种养结合模式是指养殖场与养殖规模相匹配的、具有土地经营权的种植主体以契约方式进行连接，约定种植主体为养殖场提供饲草料，同时将养殖场粪污作为种植饲草料所需的肥料进行还田，进而减少化肥、农药投入量，实现畜产品绿色、有机化，环境污染最小化的一种多主体参与的契约式种养结合模式。外部循环种养结合模式的关键是养殖场规模与种植主体规模的匹配程度以及种养主体契约的有效程度，种养主体规模匹配度越好、契约有效性越强，种养业能量和物质循环效果越好，农畜产品越绿色、有机化。外部循环种养结合模式如图2-3所示。

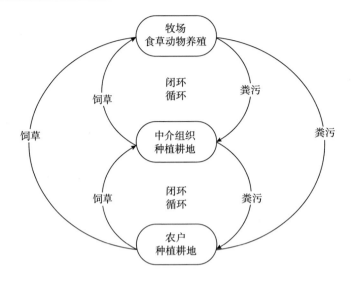

图 2-3　外部循环种养结合模式

2.1.3　奶牛业种养结合模式

奶牛业种养结合模式是指"奶牛养殖+种植农作物"相结合的种养结合模式，而且依据本书对种养结合模式内涵的界定，奶牛业种养结合模式特指"奶牛养殖+饲草种植"的种养结合模式，且饲草种植包括青贮玉米、苜蓿草和燕麦草，故奶牛业种养结合模式包括"奶牛养殖+青贮玉米种植""奶牛养殖+苜蓿草种植""奶牛养殖+燕麦草种植"模式，且从实地调研情况发现，内蒙古奶业种养结合模式 80%以上均为"奶牛养殖+青贮玉米种植"的种养结合模式。因此，本书只关注奶牛业"奶牛养殖+青贮玉米种植"的种养结合模式。从经营主体角度分析，奶牛业种养结合模式包括"牧场种植+牧场养殖"的内部循环种养结合模式和"牧场养殖+农户种植"或"牧场养殖+中介机构+农户种植"的外部循环种养结合模式。其中内部循环种养结合模式的微观主体是奶牛养殖牧场，而外部循环种养结合模式的主要微观主体是奶牛养殖牧场和农户。

本书研究的奶牛业种养结合模式是"牧场种植青贮玉米+牧场养殖奶牛"的牧场内部循环的种养结合模式和"牧场养殖奶牛+农户种植青贮玉

米"的外部循环种养结合模式。奶牛业内部循环种养结合模式是奶牛养殖牧场根据养殖规模从农户流转相应规模的耕地种植牧场养殖所需的青贮玉米，并将养殖奶牛产生的粪污还田至种植青贮玉米的耕地，形成种养业的物质和能量在动植物和耕地间闭环循环的种养结合模式。奶牛业内部循环种养结合模式的微观参与主体是奶牛养殖牧场。奶牛业外部循环种养结合模式是"牧场养殖奶牛+农户种植青贮玉米"和"牧场养殖奶牛+中介组织服务+农户种植青贮玉米"的多主体参与的种养结合模式，牧场是主要的养殖主体，农户是主要的种植主体，牧场和农户的参与行为直接影响奶牛业外部循环种养结合模式的形成。在外部循环种养结合模式中牧场和农户主要采用口头协议或书面协议形式约定农户向牧场提供饲草，牧场又将养殖粪污提供给农户，种养业的物质和能量以农户耕地为依托在牧场奶牛和农户青贮玉米闭环有效循环，经济利益在牧场和农户间有效循环，最终达到降低环境污染，提升畜产品品质的目的。

因此，本书研究的"奶牛业种养结合模式的形成机理及经济效益"主要从理论和实证检验视角分析奶牛业"牧场种植+牧场养殖"的内部循环种养结合模式和"牧场种植+农户种植""牧场养殖+中介服务+农户种植"的多主体参与的外部循环种养结合模式的形成机理及实证分析内部和外部循环种养结合模式对参与主体（牧场和农户）经济效益的提升作用。

2.1.4 经营效率

奶牛业经营效率是指牛奶产量与生产要素投入量之比，从投入产出角度衡量生产单位在现有技术水平下的产出能力，是评价奶牛业生产水平与经营效率对经济增长贡献程度的重要指标。广义的经营效率包括技术效率、配置效率和经济效率等多个方面，其中，技术效率是指在既定的生产要素投入组合下获得最大产出的能力，或者用一定产出水平下使用最少生产要素投入的能力来表示。配置效率包括资源配置效率和产品组合配置效率，其中资源配置效率在价格确定的条件下，为了获得最大产出或最小投入，各种资源能够最佳比例的能力。经济效率是成本与收益之间的关系，只有当成本既定收益最大或者收益既定成本最小时才能实现经济效率。Farrell 在 20 世纪 50 年代提出了综合技术效率，是指在产出一定的情况下，通过技术来实现生产要素的理想最小投入和实际投入之间的比值。本书中的经营效率是指奶牛养殖牧场的综合技术效率，由纯技术效率与规模效率的乘积来体现。综合技术效率是指牧场在奶牛业经营活动中投入数量与产出数量的对比，反映了牧场生产经营成本与经营成果之间的关系，能够衡量出牧场配置利用内外部资源进行生产的能力。若某牧场的综合技术效率为 1，则表示该牧场的投入产出综合有效，纯技术效率与规模效率均达到最优状态。

2.1.5　经济效益

经济效益是企业在生产经营过程中所取得的利润或效果，是企业收益和成本的集中体现，是企业核心竞争力的体现，也是企业永续发展的基础。经济效益可以综合体现一个组织在特定期限内的生产经营管理能力和产品、要素市场的交易能力，是组织综合能力的集中体现。经济效益可以采用绝对和相对两种指标来衡量，绝对指标一般采用一个组织在一定期限内生产经营过程中投入人力、土地和资本等要素，通过资源合理配置获得的净收益来反映，故一定期限内实现的收入和成本之差。而相对指标则采用组织在一定期间内投入人力、土地和资本要素之后的投资回报率来度量，即（收入-成本）/成本。本书选择牧场单头奶牛的净利润和农户人均可支配收入来度量经济效益。

2.2　理论基础

2.2.1　交易成本理论

交易成本理论是由诺贝尔经济学奖得主科斯于 1937 年在对新古典经

济学进行反思的基础上，在其经典论文《企业的性质》中首次提出，并研究企业组织存在的合理性（王小茜，2021）。科斯认为利用市场的价格机制是有成本的，企业是市场机制的代替性组织，是人类社会追求经济效率的产物，当使用市场的价格机制的成本相对较高时，将其内部化形成了企业组织形式，但企业也存在内部"管理成本"。因此，企业组织存在的根本原因是内部管理成本低于市场交易成本，边际内部管理成本等于边际市场的价格机制使用成本是确定企业规模边界的基本原则。科斯对企业组织存在的解释奠定了交易成本理论的基础。1960 年，科斯又对交易成本的概念进一步深化，认为交易成本是除生产之外，所有能和市场交易有关的成本。

虽然科斯首次提出交易成本的核心思想创新性地解释了企业性质的问题，但并没有真正提出"交易成本"一词，也没有解释交易成本为什么存在的原因。但是，自科斯提出交易成本的核心思想后，交易成本受到经济学术界广泛的关注，学者纷纷讨论交易成本的内涵。科斯认为交易成本是使用市场价格机制的成本，是除生产之外所有能与市场交易有关的成本。Demsetz（1968）认为交易成本是交换所有权的成本。North（1984）认为交易成本是规定和实施构成交易基础的契约成本，交易成本与分工和专业化密切相关，是分工的制度成本。Wallis 和 North（1986）认为，交易成本是与交易行为相联系的成本，是执行交易行为而投入的劳动、土地、资本和企业家才能的耗费等。

交易成本有广义和狭义之分，广义的交易成本是指在一定的社会关系中，人们自愿交往、彼此合作达成交易所支付的成本，也即"人—人"关系成本。它与一般的生产成本（"人—自然界"关系成本）是对应概念。从本质上说，有人类交往互换活动，就会有交易成本，它是人类社会生活中一个不可分割的组成部分。而狭义的交易成本指的是采用市场的价格机制促成特定交易的一系列成本，故交易成本理论的研究课题是交易，交易成本泛指形成交易的所有成本，范围较为广泛，很难进行明确的界定，且不同的交易往往就涉及不同种类的交易成本。因此，交易成本理论的前期研究主要集中在交易成本内涵的理论阐述层面，而对交易成本解释现实问题的应用研究相对滞后。

自 1975 年以来，经济学家威廉姆森发表一系列论文探讨交易成本产生的原因、交易成本种类以及从交易特性视角测量交易成本的问题，形成了威廉姆森交易成本理论分析框架，打破了交易成本理论解释现实问题的困境，为交易成本理论的发展做出重要的贡献。1975 年威廉姆森发表《市场和等级制度》一文，提出一系列中心概念，解释交易成本产生的原因。他认为人性因素和交易环境因素交互影响导致的市场失灵现象是交易成本产生的根本原因，并将其归纳为有限理性、不确定性与复杂性、信息阻滞、投机主义和小数现象 5 个因素，形成威廉姆森交易成本理论分析框架，如图 2-4 所示。

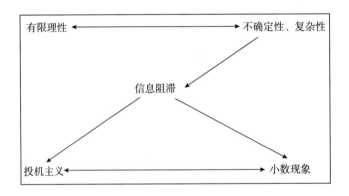

图 2-4 威廉姆森交易成本理论分析框架

资料来源：周雪光：《组织社会学十讲》，2019 年版，第 37 页。

威廉姆森认为有限理性、不确定性和复杂性、投机主义、小数现象单独不会导致信息阻滞，从而影响市场机制的运行，而只有有限理性与不确定性和复杂性结合或者投机性和小数现象相结合才能导致信息阻滞，从而市场机制失灵，产生交易成本（周雪光，2019）。在这种情况下，市场解决问题的效率低于其他组织，因此组织和市场是可以相互转换的，选择市场还是组织主要取决于交易成本大小，这是交易成本理论的最基本思想。

Williamson（1975）将交易成本具体分类为搜寻成本（商品信息与交易对象信息的收集）、信息成本（取得交易对象信息与和交易对象进行信息交换所需的成本）、议价成本（针对契约、价格、品质讨价还价的成本）、决策成本（进行相关决策与签订契约所需的内部成本）、监督成本（监督交易对象是否依照契约内容进行交易的成本，例如追踪产品、监督、验货等）和违约成本（违约时所需付出的事后成本）。其中搜寻成本和信息成本是事前成本、议价成本和决策成本是事中成本、监督成本和违约成本是事后成本。Williamson（1975）进一步探究交易成本产生的根源发现交易成本与交易本身的特征有关，这些特征影响交易成本的高低，他将交易特征归纳为交易频率、不确定性和资产的专用性三个维度。交易频率指交易发生的次数。交易频率可以通过影响相对交易成本而影响交易方式的选择。交易的不确定性包括偶然事件的不确定性、信息不对称的不确定性、预测不确定性和行为不确定性等。资产的专用性指在不牺牲生产价值的条件下，资产可用于不同用途和由不同使用者利用的程度。交易频率越高、交易的不确定性越强、资产专用性程度越高，该交易隐含的交易成本越高。Williamson 的交易成本种类以及交易特性的划分为今后学者利用交易成本理论解释微观组织具体行为的分析提供了良好的理论基础和行知可行的测量方法。其中资产专用性是威廉姆森交易成本理论的核心（周雪光，2019）。在信息不对称的情况下，资产专用性使交易中投入专用性资产的一方存在事后被"敲杠杆"风险，资产专用程度越高，事后被"敲竹杠"的可能性越大，交易成本就越高。

交易成本理论期初是研究企业规模问题，但现在已广泛应用于解释一切经济现象，如企业纵向和横向一体化问题、公司内部转让价格、政府管制以及各种正式和非正式合同等问题的研究，并形成了合约关系治理与企业治理理论、垂直一体化理论和层级理论等理论。黄祖辉等（2004）和罗必良和何一鸣（2008）最早利用交易成本理论解释农业经济问题，现将交易成本理论广泛应用于解释订单农业（生秀东，2007）和小农户与现代农业有机衔接（阮文彪，2019）等问题的研究。奶牛业种养结合模式属于生态循环农业的范畴，本质是奶牛养殖牧场用自己生产的饲草料替代市场上的购买行为和养殖产生的粪污自己还田替代市场销售行为，是典型的奶牛养殖牧场的后向一体化行为。根据交易成本理论对企业一体化问题的解释逻辑，奶牛养殖牧场选择市场交易获取饲草和销售粪污，还是选择种养结合的纵向一体化模式获取饲草和消纳粪污的关键在于市场交易成本和内部监督管理成本的大小。当市场交易成本大于内部监督管理成本时，企业为节约市场交易成本的目的选择种养一体化模式，当内部监督管理成本大于市场交易成本时，企业为节约内部监督管理成本的目的选择专业化养殖模式，节约交易成本是企业一体化发展的根本动力。但是现有交易成本对企业一体化问题的解释隐含着一种前提假设，即企业一体化发展而获取的人力、资本和技术等要素市场的交易成本显著低于产品市场交易成本。然而，奶牛业种养结合的一体化模式形成的关键是土地要素的投入，与资本、劳动力要素不同的是土地要素具有的人格化特征决定了农地流转市场并非是单纯的要素流动市场，隐含着高昂的交易成本（邓衡山等，2016；郜亮亮，2020）。因此，本书从耕地流转交易条件视角分析奶牛业内部循环种养结合模式形成的阻力问题。

2.2.2 外部性理论

外部性理论最早可以追溯到马歇尔的"外部经济"和"内部经济"概念的提出。马歇尔在1890年发表的《经济学原理》中提出"外部经济"的概念。在这一论著中，除了人们多次提出的土地、劳动、资本这三大生产要素外，马歇尔提出能导致产量增加的"组织"要素的概念。组织的内容十分丰富，包括分工、机器的改良、大规模生产及企业的管理等。马歇尔用"外部经济"和"内部经济"这两个概念说明了组织这一要素变化对产量的影响。外部经济指的是由于企业外部各种因素所导致的生产费用的减少，这些因素包括企业离产品销售市场的远近、市场容量的大小、交通运输的便利、其他相关企业的水平等。马歇尔并没有提出内部不经济和外部不经济的概念，但他从内部经济和外部经济考察了影响企业成本变化的各种因素，为后来的外部性理论的发展提供了无限的想象空间。

但最早对外部性问题展开系统研究的经济学家是福利经济学之父——庇古（张运生，2012）。庇古在其 1920 年出版的代表作《福利经济学》中提出了"外部不经济"的概念和内容，将外部性问题的研究从外部因素对企业的影响转向了企业或居民对其他企业和居民的影响效果，这正是外部性理论研究内容的核心。庇古认为社会边际净产值与私人边际净产值的差异构成了外部性，且外部性是可正可负的。外部性的存在使社会成本与私人成本、社会收益与私人收益出现了偏差，从而导致无效率的资源配置。外部性之所以是无效率的，根本原因是外部成本或收益是游离于价格体系之外的，也就是说，外部收益和外部成本不能被市场价格机制所调节，从而市场价格机制失灵了。1962 年，布坎南和斯塔布尔宾给外部性下了这样一个定义：只要某人的效用函数或某厂商的生产函数所包含的某些变量在另一个人或厂商的控制之下，就表明该经济中存在外部性。这个定义将数学语言表述外部性问题，为今后的外部性问题的研究提供基本工具。

庇古对外部性问题的解决也贡献了自己独到的见解，后期成为传统外部性理论，也叫"庇古传统"。他认为只有政府干预才能解决外部性问题。当私人边际效益与社会边际效益不能完全相等，单靠市场调控不能实现资源的最优化配置，需要政府通过对私人负外部性行为征税（庇古税）或者对私人正外部性行为补贴来矫正私人成本，促使外部效应内部化，才能够实现帕累托最优，如图 2-5 所示。

但是庇古税也可能存在一些局限性，因为他并没有考虑信息不对称对政府了解外部性产生的边际成本的测量以及合理庇古税额的确定带来较大的挑战，而且信息不对称引起的政府干预的巨额成本很可能带来政府失灵现象。1960 年，新制度经济学的代表人物科斯发表了他的经典论文《社会成本问题》，从产权的角度对外部性现象做了系统分析。科斯提出"交

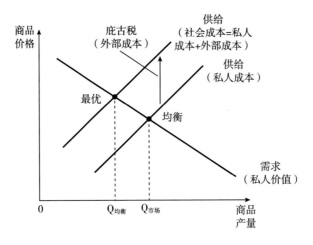

图 2-5　庇古的外部性理论

易成本"这一重要范畴，且他从产权和交易成本的角度提出了解决外部性问题的新思路。他认为合理的产权安排可以使利益双方在市场机制的调节下进行交易，将外部性问题内部化，达到资源的有效配置。在产权明确的情况下，如果交易成本不为零，或者不是小的可以忽略不计，那么合理的制度选择可以减少交易成本，使资源得到合理配置。在这里，界定产权是解决外部效应问题的重要方法。在界定产权之后，为了降低交易成本，需要有自由的价格制度来确定明晰的产权所隐含的收益权与承担损失的责任。可交易许可证制度就是以市场机制为基础，通过政府调节，实现这些目标的有效制度。

　　但是如果企业和个人的经济活动产生环境等公共产品的外部性问题时，科斯的产权安排解决环境外部性问题受到挑战。在现实中更多采用庇古的政府干预的措施，出台环境规制以及补贴政策将外部性内部化。奶牛业从专业化养殖模式向种养结合模式转型的本质是解决种养业环境外部性问题。牧场和农户参与奶牛业种养结合模式，将奶牛养殖粪污还田，降低牧场粪污对空气、水源的污染，提高耕地有机含量，降低农畜产品的化肥、农药的残留，提高农畜产品质量和品质，但现有农畜产品的价格机制缺乏对有机产品的差异化定价，具有很强的正外部性。而牧场不参与种养结合模式，实施专业化养殖模式，养殖粪污无法有效还田，导致对空气、水源的污染，具有较强的负外部性。因此，中国制定养殖业环境规制和补贴政策就是试图将环境的外部性内部化，推动奶牛业从专业化养殖向种养结合模式转型。

2.2.3　农户行为理论

农户的行为包括投资行为、经营行为、生产行为、消费行为、决策行为等经济行为。微观经济学的农户行为是指农户在特定的资源禀赋约束下，为了实现效用最大化目标而采取的一系列经济行为，包括生产行为、消费行为、组织行为等。学者在分析农户行为过程中形成了恰亚诺夫（1996）的生存小农理论、舒尔茨（1999）的理性小农理论和黄宗智（2000）的商品小农理论。

恰亚诺夫是俄罗斯农村经济学家，20 世纪初，恰亚诺夫基于 30 年时间对俄罗斯农户跟踪调查的基础上在自己代表作《农业问题及生存小农》中提出生存小农理论。该理论认为农户生产经营具有两个显著的特征：一是农户生产经营依靠的是家庭自身的劳动力，而非雇佣劳动力，而是农户生产的农产品主要用于自给、满足家庭内部消费，而非追求利润最大化目标。在此基础上，恰亚诺夫创造性的提出了"劳动—消费均衡"的农户模型，认为农户生产经营的均衡条件并非是主流经济学中的边际收益等于边际成本，而是休闲的边际效用等于消费的边际效用，即当农户从事生产经营劳动带来的痛苦程度超过消费劳动所获产品带来的满足感时，农户就会选择停止生产劳动。当然，恰亚诺夫的生存小农理论及其农户模型受当时历史条件的限制，已无法用来研究和分析当前农户经济行为和农业发展面临的诸多问题。

20 世纪中期，美国农业经济学家舒尔茨在《农业的经济组织》一书中提出了小农经济理论的一些新概念和方法，探讨了小农生存、经济活动和决策等方面的经济学理论问题，着重强调了小农在农业经济中的决策机制和理性行为。该书被认为是对现代小农经济学理论的一次创新和重构，也是舒尔茨理性小农理论的主要代表作之一。与生存小农理论相反，理性小农理论认为小农与企业家一样，是理性"经济人"，小农的生产行为也遵循帕累托最优原则，追求经济效益最大化、要素投入最小化和风险最小化目标。舒尔茨指出，将传统农业社会中的小农视为落后、愚昧、生产行为缺乏理性的传统观念是错误的，恰恰相反，小农是在传统农业环境下是有进取精神的经济体，并对农业资源的合理利用，也遵循边际成本等于边际收益的经济学原理。虽然传统农业环境下的小农行为是有效的，但依然贫困的问题上舒尔茨认为这是因为传统农业的边际收益递减导致的。此外，波普金也在1979年的《理性小农》一文进一步深化了舒尔茨理性小农的观点，他认为，资本主义市场经济中的"公司"十分适用于描述以小农经营为基础的家庭农场，农民是会为家庭利益最大化而做出理性生产决策的"经济人"。舒尔茨—波普金学派强调小农的理性动机，认为只要外部条件具备了，小农就会有"进取精神"，有效利用资源，追求利润最大化。

在借鉴生存小农理论和理性小农理论的基础上，黄宗智（2000）梳理自清代以来中国社会经济的发展历程并提出商品小农理论。黄宗智认为中国小农是集生产和消费的统一体，他们"既是一个追求利润者，又是维持生计的生产者"。此外，黄宗智还提出未过密型商品化与小农没有冲突，但过密型商品化不仅不会摧毁小农生产，而且还会强化家庭化的再生产。

虽然农户行为决策符合理性"经济人"假设，但并不是传统经济学所指的完全理性"经济人"，而是行为经济学家所提倡的有限理性"经济人"。行为经济学的代表人物—赫伯特·西蒙将个体行为纳入经济研究范畴，特别侧重研究个体在外在环境和自身认知能力受到约束等不确定情形下进行判断和决策的过程，比较符合从"环境—认知—行为—效益"的研究逻辑。本书研究奶牛业种养结合模式包括内部和外部循环种养结合模式，内部循环种养结合模式是"牧场养殖+牧场种植"的种养一体化模式，而外部循环种养结合模式是"牧场养殖+农户种植"的多主体协调发展模式。奶牛业"牧场养殖+农户种植"的外部循环种养结合模式发展的关键是农户参与奶牛业种养结合模式的决策以及参与后的效益，故农户行为理论为本书第 7 章分析农户参与奶牛业种养结合模式的行为决策提供了理论依据。

2.2.4 生产者行为理论

生产者行为是新古典经济学的重要研究对象。生产者行为理论认为，企业是一个以利润最大化为追求目标的经济人，其生产行为是一种理性的经济行为。具体表现为企业以边际成本等于边际收益的原则，进行生产什么、生产多少以及如何生产等问题的决策。在市场经济环境下，企业生产经营决策一般遵循利润最大化原则，就是因为不同的企业都在追求理论最大化原则，整个社会才能实现帕累托最优。

利润并非是独立的概念，它取决于收益和成本两个方面，即在成本既定的情况下的收益最大化，或者收益既定的情况下的成本最小化，均能实现利润最大化。企业的利润 π_i 等于企业销售商品收入（$R_i = P_i \times Q_i$）与要素投入成本（$C_i = \sum_{\tau=1}^{n} W_{i\tau} \times FI_{i\tau}$）之间的差额。且企业收入 R_i 又是产品产量 Q_i 和价格 P_i 的函数，企业的成本是要素投入量 FI_i（固定资本 $Capital_i$、劳动力 $Labor_i$、技术 $Tecnology_i$ 等）和要素价格 W_i 的函数。故企业的利润 π_i 是产品和投入要素的数量 Q_i 和 FI_i 以及产品和投入要素价格 P_i 和 W_i 的函数，企业能否实现利润最大化很大程度上取决于企业生产产品数量和价格以及生产产品时投入的各种要素投入量及价格。企业产品产量由企业的生产函数 $Q_i = F（FI_i）$ 决定，如果企业在既定数量要素投入的情况下能够生产较多数量的产品，说明企业生产能力较高。如果企业在销售商品时获取较高的价格，购买劳动力、资本、土地和技术等要素时能够获取相对较低的价格，则说明企业交易能力较强。综上，企业生产能力和交易能力是企业实现利润最大化的关键因素。

对奶牛业种养结合模式的发展而言,牧场是最终的也是最为关键的微观实施主体。随着奶牛业规模化、专业化发展,企业化牧场是现代奶牛业的主要经营主体。故生产者行为理论为本书第 5 章和第 6 章分析牧场参与奶牛业内部和外部循环种养结合模式的行为决策提供了理论基础。

2.3　本章小结

核心概念的界定是一项科学研究的基础。依据本书的内容与目标,本章一方面围绕奶牛业、种养结合模式(内部循环种养结合模式和外部循环种养结合模式)、奶牛业种养结合模式、经营效率和经济效益等概念进行界定。另一方面借助交易成本理论、外部性理论、农户行为理论和生产者行为理论等理论构建本书的研究思路与框架,为后续扎根理论分析和实证研究奠定理论基础。根据交易成本理论明确奶牛业内部和外部循环种养结合模式形成过程中存在的耕地交易成本、饲草和粪肥购销环节的交易成本阻力因素的存在。通过外部性理论的梳理了解奶牛业内部循环种养结合模式的形成中存在粪污有效还田利用带来的正外部性问题,明确了政府的环境规制、补贴激励以及培训引导等政策有助于推动奶牛业内部和外部种养结合模式的形成。根据农户行为理论,农户参与外部循环种养结合模式行为的内外部影响因素及作用机制,为奶牛业外部循环种养结合模式的形成提供理论基础。通过了解生产者行为理论解释养殖利润和养殖效率是奶牛业外部循环种养结合模式形成的最主要的内在驱动因素。

第3章 研究区域奶牛业发展现状与样本特征

　　第2章主要围绕本书涉及的核心概念及理论进行了论述，结合全书研究内容针对奶牛业种养结合模式给出了具体界定，为下文构建理论框架提供支撑。现阶段，奶牛业正处于转型期，随着奶牛业专业化水平的不断提高，综合生产能力持续提升，牛奶产量稳步增加，单产水平持续提高，生产方式转型升级，发展理念明显转变，总体来说取得了瞩目的成就，奶牛业的发展对保障乳制品市场稳定供给发挥重要作用。然而随着奶牛业专业化发展，种养业逐渐脱离，种养业环境问题日益严峻。自2015年出台"粮改饲"政策以来，加快推进奶牛业从专业化养殖向种养结合模式转型，激励牧场实施粪污资源化处理，扶持新型经营主体发展，对奶牛业提质增效，提高奶牛业粪污资源化利用水平，保护环境污染具有重大意义，有助于切实做到保生态、保供给、促增收。为了具体分析内蒙古奶牛业的发展现状与不足，了解牧场参与种养结合模式的水平，本章内容安排如下：第一部分阐述内蒙古奶牛业取得的成就，分别从综合生产能力、饲养方式转变以及基础设施建设等方面展开介绍，突出内蒙古在五大奶源中的重要地位。第二部分介绍奶牛业发展的不足与面临的瓶颈和面对新发展的要求与挑战。第三部分介绍内蒙古奶牛业发展的潜力。在此基础上，进行问卷设计，通过描述性统计分析样本户的基本特征。第四部分为本章小结。

3.1 内蒙古奶牛业发展成就

3.1.1 综合生产能力持续增强

近 30 年来，中国奶牛业快速发展，牛奶产量和奶牛存栏头数分别从 1990 年的 4157 千吨和 2691 千头增长到 2021 年的 36826 千吨和 10943 千头，分别增长了 7.9 倍和 3.1 倍。内蒙古位于中国奶牛业五大产区中的内蒙古东北产区，是中国奶牛业最为重要的产区，内蒙古东北产区牛奶产量和奶牛存栏头数分别从 1990 年的 1648 千吨和 1044 千头分别增长到 2021 年的 13451 千吨和 2959 千头，分别增长了 7.2 倍和 1.8 倍。华北产区牛奶产量和奶牛存栏头数分别从 1990 年的 369 千吨和 235 千头分别增长到 2021 年的 11339 千吨和 2985 千头，分别增长了 29.7 倍和 11.7 倍。西北产区牛奶产量和奶牛存栏头数分别从 1990 年的 850 千吨和 947 千头分别增长到 2021 年的 7474 千吨和 3228 千头，分别增长了 7.8 倍和 2.4 倍。南方产区牛奶产量和奶牛存栏头数分别从 1990 年的 770 千吨和 306 千头分别增长到 2021 年的 3461 千吨和 1546 千头，分别增长了 3.5 倍和 4.1 倍。大城市产区牛奶产量和奶牛存栏头数分别从 1990 年的 520 千吨和 159 千头分别增长到 2021 年的 1101 千吨和 223 千头，分别增长了 1.1 倍和 0.4 倍。

虽然 2000 年之后华北产区迅速增长，牛奶产量占中国牛奶总产量的比重从 1990 年的 9% 增长到 2021 年的 31%，但内蒙古东北产区牛奶产量占中国牛奶总产量的比重从 2005 年以后平稳保持在 40% 左右，奶牛存栏头数占中国奶牛总存栏头数的比重虽然有所下降，但仍然保持在约 30% 的水平，内蒙古东北产区是中国奶牛业最重要的产区，也是中国最重要的奶源基地。图 3-1 和图 3-2 是 1990~2021 年中国奶牛业五大产区的牛奶产量以及奶牛存栏头数。

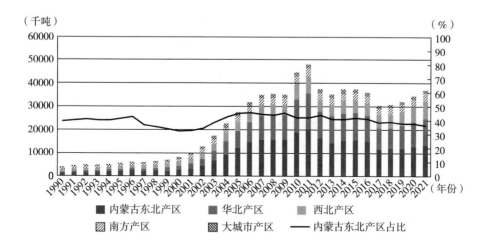

图 3-1　1990~2021 年中国奶牛业五大产区牛奶产量

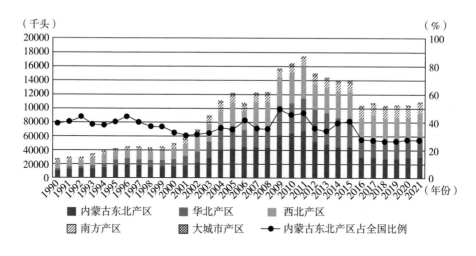

图 3-2　1990~2021 年中国奶牛业五大产区奶牛存栏量

　　图 3-3 和图 3-4 是内蒙古东北产区 1990~2021 年各省份牛奶产量和奶牛存栏头数。从图 3-3 可以看出，内蒙古和黑龙江是内蒙古东北产区的主要奶源省份，牛奶产量占该产区牛奶总产量的 85% 以上。1990~2000

年黑龙江省牛奶产量一直领先于内蒙古，2000 年开始内蒙古的牛奶产量高速增长，2003 年超过黑龙江，成为内蒙古东北产区牛奶产量第一的省份。2003~2011 年内蒙古牛奶产量持续增长，从 2003 年的 3080 千吨增长到 2011 年历史最高峰 9483 千吨，增长了 2.1 倍，年平均增长率达 26%。虽然 2011~2017 年内蒙古牛奶产量有所下滑，到 2017 年下降到 5529 千吨，但仍然保持内蒙古东北产区牛奶产量第一的位置，且从 2017 年开始内蒙古牛奶产量呈现上涨趋势，2020 年牛奶产量达 6115 千吨，是 2017 年以来中国牛奶产量超过 600 万吨的唯一省份，2021 年内蒙古牛奶产量持续上涨达到 6732 千吨的高水平。从内蒙古牛奶产量占内蒙古东北产区牛奶总产量和中国牛奶总产量的比重来看，从 2004 年开始，内蒙古牛奶产量占内蒙古东北产区牛奶总产量的比重稳定保持在 50% 左右，占中国牛奶总产量的比重稳定保持在 20% 左右，内蒙古是内蒙古东北产区重要的奶源基地，也是整个中国重要的奶源基地之一。

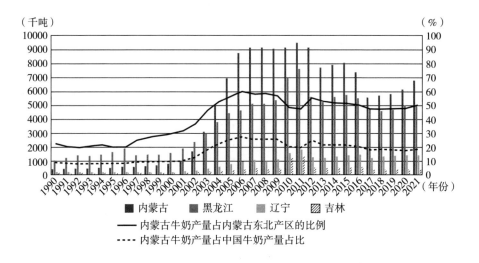

图 3-3　1990~2021 年内蒙古东北产区牛奶产量

图 3-4 是内蒙古东北产区 1990~2021 年奶牛存栏头数变动图。从图 3-4 可以看出，内蒙古奶牛存栏头数在 1990~2000 年基本保持稳定的状

态，2000 年开始快速增长，到 2009 年达到最高峰 2866 千头，比 2000 年
的 719 千头增长了 3 倍左右，年增长率高达 33.2%。2009~2015 年内蒙古
奶牛存栏头数具有缓慢下降趋势，2015 年奶牛存栏头数从 2009 年的
2866 千头下降到 2372 千头，下降了 494 千头，年平均下降幅度达 2.9%
左右。2016 年相比 2015 年，内蒙古奶牛存栏头数大幅度下降，且在
2016~2018 年保持在 1200 千头左右的相对稳定水平，2018 年之后略有上
升的趋势，2021 年内蒙古奶牛存栏头数达到 1434 千头的水平。

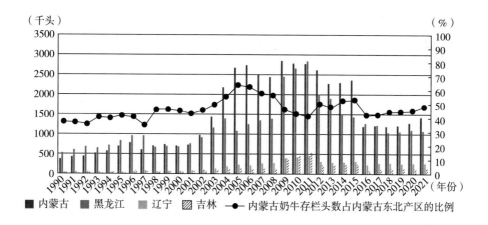

图 3-4　1990~2021 年内蒙古东北产区奶牛存栏量

　　图 3-5 是内蒙古各个盟市的牛奶产量情况。从图 3-5 可以看出，内
蒙古各盟市的牛奶产量在 1990~2000 年增长缓慢，2000~2011 年呈现快
速增长趋势，2011 年内蒙古牛奶产量达到历史最高峰。2000 年前后呼和
浩特、锡林郭勒和呼伦贝尔是内蒙古主要的奶源基地，牛奶产量占内蒙古
牛奶总产量的 76%，其中呼和浩特占 29%、锡林郭勒占 17%、呼伦贝尔
占 30%。而在 2000~2010 年包头和乌兰察布的奶牛业快速发展，锡林郭
勒和呼伦贝尔奶牛业发展较为缓慢，锡林郭勒牛奶产量占比从 2000 年的
17% 降到 2010 年的 5%，呼伦贝尔牛奶产量占比从 2000 年的 30% 降到
2010 年的 14%，2010 年呼和浩特、包头、乌兰察布和呼伦贝尔是内蒙古

主要奶源基地，牛奶产量占内蒙古总产量的74%，其中呼和浩特占33%、包头占17%、乌兰察布占10%、呼伦贝尔占14%。

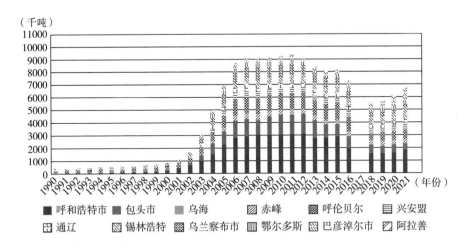

图3-5 1990~2021年内蒙古各盟市牛奶产量

2010~2016年内蒙古牛奶产量逐渐下降，其中包头市和乌兰察布市下降趋势比较明显，包头市牛奶产量占比从2010年的17%下降到2015年的12%，乌兰察布市从2010年的10%降到2015年的8%，2018~2021年内蒙古牛奶产量出现上涨趋势，其中巴彦淖尔市和兴安盟快速发展，巴彦淖尔市牛奶产量占比从2015年的5%增长到2021年的13%，兴安盟牛奶产量占比从2015年的6%增长到2021年的8%，而乌兰察布市和包头市的牛奶产量占比持续下降，2021年包头市和乌兰察布市牛奶产量占比分别为7%和4%。从2021年内蒙古各个盟市牛奶产量占比来看，呼和浩特市、巴彦淖尔市、锡林浩特市、呼伦贝尔市、兴安盟和包头市是目前内蒙古主要奶源基地，牛奶产量占内蒙古总产量的比重分别为28%、13%、12%、11%、8%和7%。

内蒙古自古以来是中国奶牛业主要奶源基地，1990~2021年快速发展，2020年牛奶产量突破600万吨，成为中国牛奶产量突破600万吨的唯一的省份。

3.1.2 传统饲养方式逐渐转变

自 2008 年以来，国家出台了一系列政策促进奶牛业标准化、规模化发展，图 3-6 是 2004~2021 年全国和内蒙古 100 头以上规模养殖场牛奶产量占总牛奶产量的比例。从图 3-6 可以看出，2008 年以来中国 100 头以上养殖规模的比例稳步上升，2021 年已达到 70% 的水平，相比 2008 年增长了 50 个百分点。相比于全国奶牛业规模化比例，内蒙古 100 头以上养殖规模牧场的比例从 2008 年开始快速增长，2021 年已达到 85%，比同年全国规模化水平高 15 个百分点。

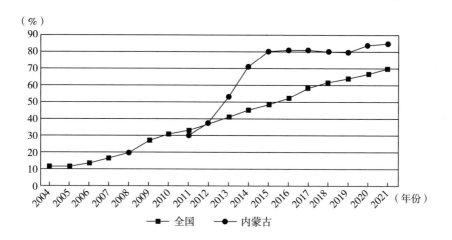

图 3-6 2004~2021 年全国和内蒙古 100 头以上规模养殖牧场牛奶产量占比

表 3-1 和表 3-2 是内蒙古和中国不同规模养殖场（户）数量，从表中可以看出内蒙古奶牛业 100 头以下规模养殖场（户）的数量从 2008 年的 534050 户下降到 2021 年的 22485 户，下降了约 96%，每年平均约 4.26 万 100 头以下规模养殖户退出奶牛业；而从全国层面分析，全国 100 头以下规模养殖场（户）的数量从 2008 年的 2578503 户下降到 2021 年的 455967 户，下降了约 82%，2008~2021 年内蒙古 100 头以下规模养殖户

退出奶牛业的比例高全国平均水平 14 个百分点。内蒙古奶牛业 100~199 头规模养殖场（户）的数量从 2008 年的 539 户上升到 2021 年的 878 户，上升了约 63%；而全国 100~199 头规模养殖场（户）的数量从 2008 年的 4425 户下降到 2021 年的 2204 户，下降了约 50%。内蒙古奶牛业 200~499 头规模养殖场（户）的数量从 2008 年的 231 户下降到 2021 年的 190 户，下降了约 17.7%；而全国 200~499 头规模养殖场（户）的数量从 2008 年的 2679 户下降到 2021 年的 1568 户，下降了约 32.9%，内蒙古 100~199 头和 200~499 头规模养殖场（户）在 2008~2021 年的下降的幅度小于全国平均水平。内蒙古 500~999 头规模养殖场（户）数量从 2008 年 56 户增加到 2021 年的 122 户，增长了 117.8%，而全国 500~999 头规模养殖场（户）数量从 2008 年的 1026 户增加到 2021 年的 1265 户，增长了 64.7%；内蒙古 1000 头以上规模养殖场（户）数量从 2008 年的 22 户增加到 2021 年的 232 户，增长了 954.5%，而全国 1000 头以上规模养殖场（户）数量从 2008 年的 454 户增加到 2021 年的 1491 户，增长了 339.8%，内蒙古 500~999 头和 1000 头以上规模养殖场（户）上升幅度是全国平均水平的 2 倍左右。2008 年以来内蒙古奶牛业从散户向规模化养殖转型，且主要向 500 头以上大规模养殖转型。

表 3-1　2008~2021 年内蒙古奶牛业不同规模的养殖场（户）数量

单位：户

年份	100 头以下	100~199 头	200~499 头	500~999 头	1000 头以上
2008	534050	539	231	56	22
2009	488103	762	380	168	52
2010	447189	780	437	195	61
2011	342715	1188	668	178	90
2012	241530	1584	593	189	169
2013	168738	2610	619	231	176
2014	93350	3423	608	231	204

续表

年份	100 头以下	100~199 头	200~499 头	500~999 头	1000 头以上
2015	47784	2776	637	228	200
2016	46006	2181	598	219	170
2017	38417	1207	415	189	148
2018	31433	236	251	141	141
2019	26213	797	238	119	149
2020	25395	851	200	120	183
2021	22485	878	190	122	232

表 3-2　2008~2021 年中国奶牛业不同规模的养殖场（户）数量

单位：户

年份	100 头以下	100~199 头	200~499 头	500~999 头	1000 头以上
2008	2578503	4425	2679	1026	454
2009	2392340	4324	3341	1773	706
2010	2299016	4604	3579	2061	898
2011	2186518	5263	3946	2083	1020
2012	2042318	6024	3848	2324	1261
2013	1875982	7007	3866	2374	1363
2014	1702273	7567	4016	2370	1426
2015	1541037	6167	3775	2171	1478
2016	1290208	5024	3261	1924	1479
2017	841659	3251	2572	1633	1356
2018	655754	1370	2060	1411	1165
2019	539350	2010	1845	1285	1226
2020	505554	2205	1699	1257	1338
2021	455967	2204	1568	1265	1491

3.1.3　牛奶质量稳步提升

自 2008 年以来，出台了《国务院关于促进奶业持续健康发展的意见》《乳品质量安全监督管理条例》《奶业整顿和振兴规划纲要》《乳制

品工业产业政策》等一系列政策提高原料奶质量安全水平，图3-7是
2007~2018年中国和内蒙古原料奶乳脂率、蛋白质率和体细胞数量的变化
趋势。从图3-7可以看出，全国平均原料奶乳脂率在2007~2018年稳步提
高，从2007年的3.74%提高到2018年的3.94%，提高了0.2个百分点，而
内蒙古原料奶乳脂率在2007~2018年持续提高，从2007年的3.38%提高到
2018年的3.90%，提高了0.52个百分点，超全国平均水平0.32个百分点，
且内蒙古原料奶乳脂率2012年之后超过全国平均乳脂率。

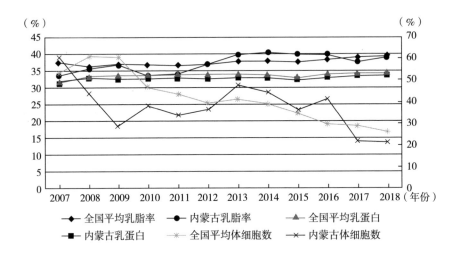

图3-7　2007~2018年牛乳脂率、蛋白质率和体细胞情况

全国和内蒙古原料奶蛋白质率在2007~2018年出现稳步提高的趋势，
分别从2007年的3.13%和3.17%提高到2018年的3.36%和3.43%，分别
提高了0.23个和0.26个百分点，且内蒙古原料奶蛋白质率从2008年开
始保持高于全国平均水平0.1个百分点的水平。

从原料奶体细胞数量分析，在2007~2018年全国和内蒙古原料奶体
细胞数量持续下降，分别从2007年的53.8万/毫升和60.4万/毫升下降
到2018年的26.2万/毫升和21.2万/毫升，分别下降了27.6万/毫升和
39.2万/毫升。内蒙古原料奶体细胞数量的下降幅度高于全国平均水平。

图 3-8 是全国和内蒙古奶牛日单产水平 2007~2018 年的变化趋势，从图 3-8 可以看出，全国和内蒙古奶牛业日单产水平持续上升，全国和内蒙古单头奶牛的日产奶量分别从 2007 年的 21.89 公斤和 20.28 公斤提高到 2018 年的 30.00 公斤和 30.90 公斤，分别提高了 8.11 公斤和 10.62 公斤，内蒙古单头奶牛的日产奶量从 2008 年以后高于全国平均水平约 2 公斤。

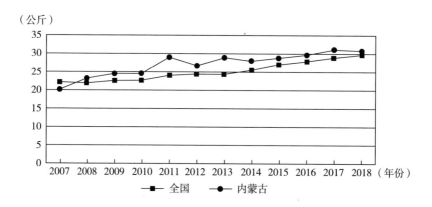

图 3-8　2007~2018 年奶牛日单产水平

因此，内蒙古原料奶质量安全水平以及日单产水平从 2007 年开始持续提高，且 2018 年的时候内蒙古原料奶乳脂率、蛋白质率和体细胞数量等原料奶质量安全指标以及日单产水平已经高于全国平均水平。

3.2　内蒙古奶牛业发展瓶颈

3.2.1　经营成本逐年攀升

根据 2011~2022 年《全国农产品成本收益资料汇编》中的数据资料

分析可知，内蒙古大、中、小规模养殖场（户）的单头奶牛的养殖总成本持续上升，小规模养殖场（户）单头奶牛的养殖总成本从 2010 年的 12243.25 元提高到 2021 年的 25326.21 元，提高了约 1.07 倍，年平均增长率约为 9.73%。中规模养殖场（户）单头奶牛的养殖总成本从 2010 年的 11920.10 元提高到 2021 年的 28526.46 元，提高了约 1.39 倍，年平均增长率约为 12.64%。大规模养殖场（户）单头奶牛的养殖总成本从 2012 年的 19543.12 元提高到 2021 年的 27840.74 元，提高了约 0.42 倍，年平均增长率约为 4.72%，如图 3-9 所示。

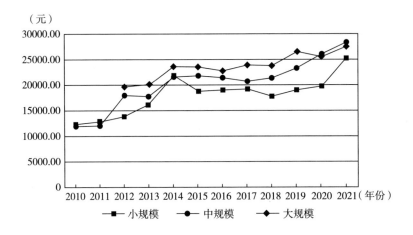

图 3-9　2010~2021 年内蒙古不同规模养殖场（户）单头奶牛养殖成本

表 3-3 是 2010~2021 年内蒙古不同规模养殖场（户）的各项养殖费用明细表，由表 3-3 可知，小规模养殖场（户）单头奶牛的精饲料成本、粗饲料成本、固定资产折旧成本和人工成本分别从 2010 年的 7874 元、1185 元、1295 元和 1436 元提高到 2021 年的 10388 元、5167 元、4602 元和 3848 元，分别提高了 0.32 倍、3.36 倍、2.55 倍和 1.68 倍，年平均增长率分别为 2.91%、30.55%、23.18% 和 15.27%。中规模养殖场（户）单头奶牛的精饲料成本、粗饲料成本、固定资产折旧成本和人工成本分别从 2010 年的 6686 元、1201 元、1123 元和 2498 元提高到 2021 年

表 3-3　2010~2021 年内蒙古不同规模养殖场（户）的各项养殖费用明细

单位：元

年份		2010	2011	2012	2013	2014	2015	2016	2017	2018	2019	2020	2021
小规模	精饲料成本	7874	7622	7924	8159	9383	9402	9376	9864	9452	8386	8934	10388
	粗饲料成本	1185	1687	1859	3344	3480	3616	4396	4237	3143	3002	3017	5167
	固定资产折旧成本	1295	1422	1510	2317	2279	1834	1948	1735	1641	2188	3098	4602
	人工成本	1436	1654	2047	1795	2659	3557	2776	2784	2971	4470	3451	3848
中规模	精饲料成本	6686	7038	8445	8603	9139	10372	9444	9202	9165	9241	10572	11412
	粗饲料成本	1201	1253	3978	4038	5936	4481	4808	4706	5148	5472	6973	7580
	固定资产折旧成本	1123	1120	1626	2349	2075	2412	2300	2628	2478	2502	3500	3803
	人工成本	2498	1503	1949	2001	2869	3261	3472	2762	3262	4477	3617	4228
大规模	精饲料成本	—	—	10300	11060	9943	10749	9781	10080	11030	10907	11210	12696
	粗饲料成本	—	—	3040	3156	6730	4589	4935	6622	5026	6195	5616	6648
	固定资产折旧成本	—	—	1722	2523	2041	2468	2473	2571	2906	3351	3566	3378
	人工成本	—	—	2407	2383	3032	3896	3788	2712	3184	4402	3530	3435

的 11412 元、7580 元、3803 元和 4228 元，分别提高了 0.71 倍、5.31 倍、
2.39 倍和 0.69 倍，年增长率分别为 6.45%、48.27%、21.73% 和 6.27%。
大规模养殖场（户）单头奶牛的精饲料成本、粗饲料成本、固定资产折
旧成本和人工成本分别从 2012 年的 10300 元、3040 元、1722 元和
2407 元提高到 2021 年的 12696 元、6648 元、3378 元和 3435 元，分别提
高了 0.23 倍、1.19 倍、0.96 倍和 0.43 倍，年增长率分别为 2.56%、
13.22%、10.67% 和 4.78%。从不同费用项目的年增长率情况分析，内蒙
古地区大规模、中规模和小规模养殖场（户）的粗饲料成本平均年增长
率均高于精饲料成本平均年增长率、固定资产折旧成本平均年增长率和人
工成本平均年增长率，且中规模养殖场（户）的粗饲料年平均增长率最
高（48.27%），其次为小规模养殖场（户）的粗饲料年平均增长率
（30.55%），大规模养殖场（户）的粗饲料年平均增长率最低
（13.22%）。因此，推广种养结合模式，保障奶牛业粗饲料有效供给是中
国奶牛业健康、可持续发展的关键。

图 3-10 是 2010~2021 年内蒙古不同规模奶牛养殖场（户）单头奶牛
养殖利润变化趋势。由图 3-10 可以看出，内蒙古小规模和中规模奶牛养
殖场（户）单头奶牛的养殖利润在 2010~2021 呈现波动下降趋势，而大
规模养殖场（户）单头奶牛的养殖利润在 2012~2021 年呈现波动中上升
趋势。内蒙古小规模和中规模奶牛养殖场（户）单头奶牛的养殖利润分
别从 2010 年的 4797.48 元和 6218.23 下降到 2021 年的 -746.06 元和
4836.38 元，年平均下降率分别为 10.50% 和 2.02%。而内蒙古大规模养
殖场（户）单头奶牛的养殖利润从 2012 年的 4101.08 元增长到 2021 年的
11101.64 元，年平均增长率约为 18.97%。

3.2.2　草产业发展缓慢

苜蓿、青贮玉米和燕麦草等粗饲料是奶牛的主粮，占奶牛日粮结构的
60% 以上，根据 2009~2018 年的《内蒙古草业统计》数据，内蒙古苜蓿
草和青贮玉米等优质牧草产业的发展比较滞后。图 3-11 为 2009~2018 年

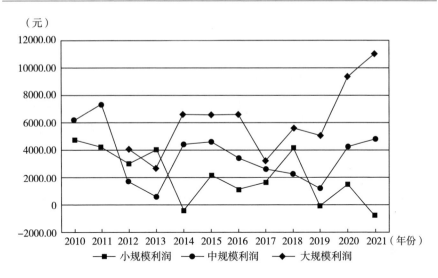

图 3-10　2010~2021 年内蒙古不同规模养殖场（户）养殖利润

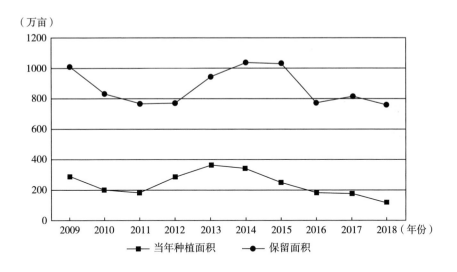

图 3-11　2009~2018 年内蒙古苜蓿草种植情况

内蒙古苜蓿草当年种植面积及保留面积情况，可以看出虽然内蒙古苜蓿草保留面积在 2012~2015 年呈现上升趋势，但总体来看内蒙古苜蓿草保留面积在 2009~2018 年呈现下降趋势，从 2009 年的 1012.75 万亩下降到 2018 年的 758.73 万亩,下降了约 25.08%;内蒙古苜蓿草当年种植面积虽然也在 2011~2013 年呈现上升趋势,但总体来看仍然呈现下降趋势,从 2009 年的 282.71 万亩下降到 2018 年的 112.37 万亩,下降了约 60.25%。

值得注意的是,内蒙古乃至中国奶牛业所需的苜蓿草基本上依赖国际市场进口,图 3-12 是 2010~2020 年中国进口的苜蓿草数量及金额,2010~2016 年中国苜蓿草进口量以及金额快速增长,分别从 2010 年的 22.72 万吨和 6148 万美元增长到 2016 年的 138.78 万吨和 44613 万美元,分别增长了 5.11 倍和 6.26 倍,平均年增长率分别为 85.17% 和 104.33%。但 2016~2020 年保持稳定的状态,2020 年中国苜蓿草进口量和金额分别为 135.94 万吨和 49100 万美元,相比 2016 年进口量有所下降,但进口金额增长了 4487 万美元。

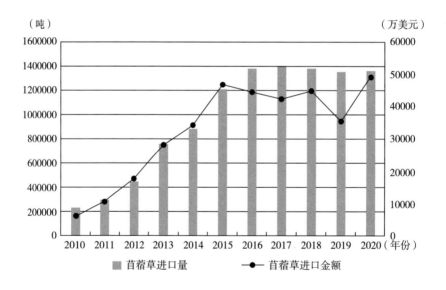

图 3-12 2010~2020 年中国苜蓿草进口量和金额

图 3-13 是中国苜蓿草进口价格变化趋势。由图 3-13 可以看出,2010~2020 年中国苜蓿草进口价格呈现波动上涨趋势,从 2010 年的 271 美元/吨增加到 2020 年的 361.3 美元/吨,增长了 33.32%。

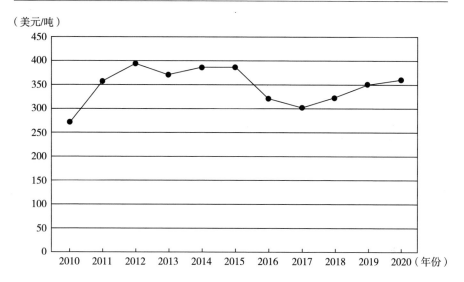

（美元/吨）

图 3-13　2010~2020 年中国苜蓿草进口单价

图 3-14 是内蒙古 2009~2018 年青贮玉米种植面积以及总产量数据。由图 3-14 可以看出，2009~2015 年内蒙古青贮玉米的种植面积和总产量波动中略有上升趋势，分别从 2009 年的 1351.35 万亩和 2485.9 万吨增长到 2015 年的 1708.57 万亩和 2607.42 万吨，分别增长了 26.43% 和 4.89%。相比 2015 年，2016~2018 年内蒙古青贮玉米种植面积和总产量大幅度下降，2018 年内蒙古青贮玉米种植面积为 1356.42 万亩，基本与 2009 年一致，2018 年内蒙古青贮玉米总产量为 1685.48 万吨，比 2009 年约下降 32.20%。

从上述内蒙古苜蓿草和青贮玉米种植情况分析，内蒙古奶牛业所需的优质牧草产业发展比较缓慢，因此，发展"种植牧草+养奶牛"的种养结合模式是内蒙古奶牛业健康、可持续发展的关键。

3.2.3　牧场粪污资源化利用水平不高

近年来，内蒙古自治区积极推动畜禽养殖废弃物处理和粪污资源化利用。自 2016 年起，国家和内蒙古自治区投入 21.7 亿元，在全区 12 个盟

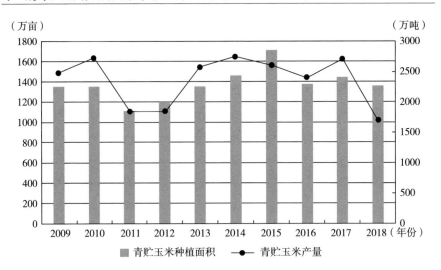

图 3-14 2009~2018 年内蒙古青贮玉米种植面积和产量情况

市整县推进畜禽粪污资源化利用，支持 3413 户规模养殖场（奶牛、肉牛、肉羊、生猪、禽类）配套必要的粪污收集和处理设施，畜禽粪污资源化利用率水平和规模养殖场设施配套率不断提高，到 2021 年内蒙古畜禽粪污资源化利用率和规模养殖场设施配套率分别达到 86.6% 和 99.5% 的高水平，且分别高于国家要求 11.6 个和 4.5 个百分点，但内蒙古畜禽粪污资源化利用情况仍然存在以下三点不足：一是牧场粪污处理设施配套未达到全面覆盖，根据课题组实地调研，内蒙古 500 头以上规模奶牛养殖牧场粪污处理设施达到全面覆盖，但 500 头以下规模的牧场未配备相应的粪污处理设施建设，只采取简单堆肥晾晒的处理方式，无法保证降低环境污染的水平。2021 年，内蒙古 500 头以下规模的奶牛养殖场（户）有 23553 个（户），虽然单个牧场的粪污环境污染程度不高，但数量多，整体的环境污染水平仍然不可忽视。二是牧场可控制的能够完全消纳牧场粪污的耕地不足，多数牧场采用向附近农户赠与的方式消纳牧场粪污，但由于牧场粪污供给和农户需求时间错配、牧场与农户规模的差异、牧场与农户的空间距离和农户老龄化导致粪污的运输和还田问题以及粪肥效力不如化肥等现实问题导致牧场与农户间的粪污消纳的链接机制不紧密。三是内蒙古奶牛养殖大县的牧场粪污处理专业化服务组织发展滞后，现实中基本由奶牛养殖牧场自行处理牧场养殖粪污，由于各牧场粪污处理技术专业化水平的差异，各牧场处理的粪污的无害化水平存在较大差异。因此，虽然内蒙古近年来畜禽粪污资源化利用率水平和规模养殖场设施配套率不断提高，但是粪污资源化利用的整体效率不高。

3.3　内蒙古奶牛业发展潜力

3.3.1　乳制品消费潜力

消费者对乳制品消费需求是奶牛业发展的最主要动力，图 3-15 是中国和内蒙古地区城镇和农村居民 2010~2021 年乳制品消费量的变化趋势，可以看出内蒙古城镇居民和农村居民人均乳制品消费量在近 10 年内持续上涨，分别从 2010 年的 16.64 公斤和 6.98 公斤上涨到 2021 年的 28.40 公斤和 16.80 公斤，分别增长了 0.71 倍和 1.41 倍，年平均增长率分别为 6.45% 和 10.36%，而中国城镇和农村居民近 10 年的人均乳制品消费量的年均增长率约为 2.74% 和 14.72%。说明中国农村居民营养膳食认知逐渐提高，对乳制品的需求快速提高。但与世界其他奶业比较发达的国家相比，中国人均乳制品消费量仍然处于相对较低的水平。

图 3-16 是 2005~2020 年全球主要奶业发达国家人均鲜奶消费量的统计数据，可以发现 2019 年中国人均鲜奶年消费量仅有 18.30 公斤，远低于世界其他国家的人均鲜奶消费量，欧盟 12 个国家平均人均鲜奶消费量为 65.10 公斤，是中国的 3.56 倍；爱尔兰人均鲜奶消费量为 112.50 公斤，是中国的 6.15 倍；英国人均鲜奶消费量为 96.50 公斤，是中国的 5.27 倍；美国人均鲜奶消费量为 66.20 公斤，是中国的 3.62 倍；加拿大

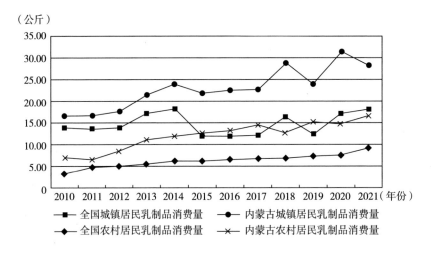

图 3-15 2010~2021 年中国和内蒙古城镇及农村居民乳制品消费量

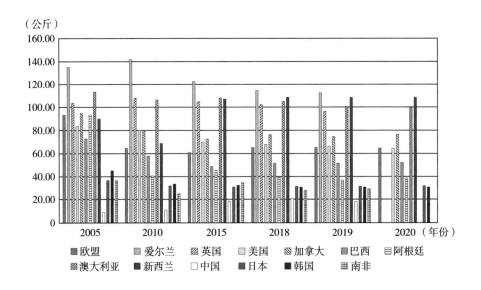

图 3-16 2005~2020 年全球主要国家人均鲜奶年消费量

人均鲜奶消费量为 74.80 公斤,是中国的 4.09 倍;巴西人均鲜奶消费量为 51.60 公斤,是中国的 2.82 倍;阿根廷人均鲜奶消费量为 36.70 公斤,是中国的 2.01 倍;澳大利亚人均鲜奶消费量为 100.60 公斤,是中国的

5.50 倍；新西兰人均鲜奶消费量为 108.70 公斤，是中国的 5.94 倍；日本人均鲜奶消费量为 31.50 公斤，是中国的 1.72 倍；韩国人均鲜奶消费量为 30.80 公斤，是中国的 1.68 倍；人均鲜奶消费量最低的南非也有 29.00 公斤，是中国的 1.58 倍。因此，随着中国城镇和农村居民人均可支配收入的快速增长和对营养膳食认知的提高，中国居民未来期间对乳制品消费需求不断增加，拉动中国奶牛业发展的潜力巨大。

3.3.2　自然条件优越

内蒙古位于中国北方，东经 97°25′ 至 126°05′，北纬 37°04′ 至 53°23′ 之间，东接东北三省，南邻山西、河北、陕西等省份，西连宁夏和蒙古国，北濒俄罗斯，呈狭长形状，内蒙古总面积 118.3 万平方公里，约占中国陆地面积的 12.3%。内蒙古地貌以高原为主，大部分地区海拔在 1000 米以上，属于中国高原草原地区，内蒙古草原总面积约达 8666.7 万公顷，其中可利用草场 6818 万公顷（68.18 万平方公里），约占内蒙古自治区（118.3 万平方公里）土地面积的 60%，占中国草原总面积的 1/4 以上。从东到西内蒙古境内包含呼伦贝尔草原、锡林郭勒草原、科尔沁草原、乌兰察布草原、鄂尔多斯草原和乌拉特草原六大著名草原地区，生长着约 1000 多种饲用植物，其中饲用价值高的就有 100 多种，尤其是羊草、羊茅、冰草、无芒雀麦、披碱草、野黑麦、黄花苜蓿、野豌豆、野车轴草等禾本和豆科牧草。而且内蒙古草原主要位于北纬 40°~45°，世界畜牧专家确认，北纬 40°~45° 是最佳的奶源纬度带，与欧洲、南美、新西兰处于同一纬度，内蒙古草原日照充足，全年太阳辐射量从东北向西南递增，全年日照时数从东部的 2700 小时，逐步增至西部阿拉善盟、巴彦淖尔的 3400 小时以上，充足的日照更有利于植物的光合作用，丰富自然的植被食物链，尤其是独特的饲草饲料资源，富含奶牛所需的粗蛋白、粗脂肪、钙、磷等多种营养素，为奶牛提供了最优质的营养。

除此之外，内蒙古拥有 11504 千公顷的耕地面积，2020 年播种面积为 8883 千公顷，占中国当年播种面积的 5.3%。玉米是内蒙古地区主要种植的农作物，2020年玉米种植面积达4204.6千公顷，约占内蒙古总播种面积的47.33%。内蒙古也是中国玉米主产地之一，仅次于黑龙江和吉林，玉米种植面积在中国排名第三，约占中国玉米总种植面积的10.19%左右，是"粮改饲"政策的主要实施省份之一，是粮食玉米改成青贮玉米，实现奶牛业种养结合发展潜力最大的省份之一。

3.3.3 产业发展潜力

3.3.3.1 加工企业潜力

牛奶是生鲜农产品，有易腐蚀、变质的特点，乳制品加工企业的加工能力和原料奶的收购能力可以直接带动当地奶牛业的发展和壮大。根据《中国奶业统计资料》的数据，中国前15大乳制品企业的年销售总额的情况如图3-17所示，可以看出排名第一和第二的伊利乳业和蒙牛乳业2020年销售总额分别为968.9亿元和760.3亿元，分别占中国前15大乳制品企业年销售总额的35.53%和27.88%，合计占中国前15大乳制品企业年销售总额的63.41%。

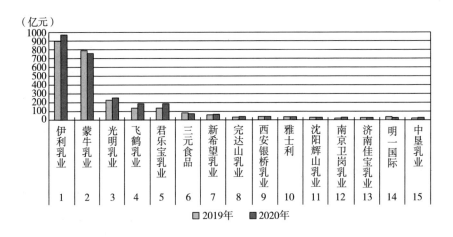

图3-17　2019~2020年中国前15家乳制品企业销售额

图3-18是中国前15大乳制品企业2019~2020年原料奶收购情况，

2020 年伊利乳业和蒙牛乳业全年原料奶收购量分别为 690 万吨和 600 万吨，分别占中国前 15 大乳制品企业原料奶收购总量的 36.05% 和 31.35%，共占中国前 15 大乳制品企业原料奶收购总量的 67.40%。无论从销售额角度看还是从原料奶收购角度来看，伊利乳业和蒙牛乳业在中国乳制品加工行业具有压倒性的竞争优势，而这两个乳制品巨头企业的总部均位于内蒙古呼和浩特市，对内蒙古奶牛业的进一步发展起到重要的作用。

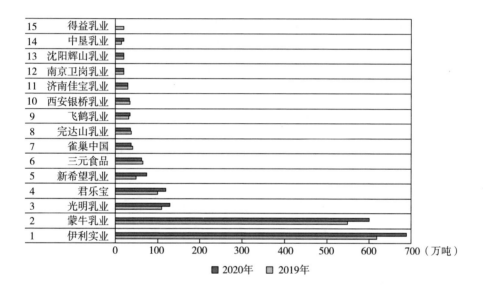

图 3-18　2019～2020 年中国前 15 家乳制品企业鲜奶收购量

图 3-19 是内蒙古伊利乳业和蒙牛乳业 2010～2020 年销售额的发展变化趋势，可以看出伊利乳业和蒙牛乳业销售额在近 10 年快速增长，分别从 2010 年的 296.65 亿元和 302.65 亿元增长到 2020 年的 968.90 亿元和 760.30 亿元，分别增长了 2.27 倍和 1.51 倍，年均增长了分别为 22.70% 和 15.10%。而且随着中国人均可支配收入的持续上涨和人民营养膳食认知的提升，对乳制品需求量持续上升，从而带动乳制品加工企业进一步发展。因此，乳制品行业龙头老大的伊利乳业和蒙牛乳业未来增产扩容的潜力较大，从而带动内蒙古奶牛业进一步发展的潜力也较大。

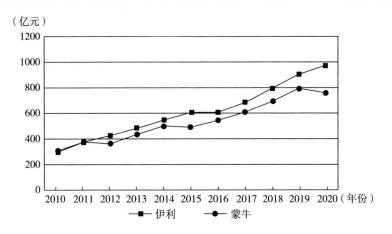

图 3-19　2010~2020 年伊利和蒙牛乳业的销售额情况

3.3.3.2　草产业发展潜力

内蒙古草原是欧亚大陆草原的重要组成部分，天然草原面积 8800 万公顷，草原面积占全国草原总面积的 22%，占全区面积的 74%。虽然内蒙古草原面临着草原退化、沙化等严峻挑战，但进入 21 世纪以后，在国家和自治区的大力度保护下草原植被盖度逐渐恢复，据报道，2018 年内蒙古草原植被盖度达 43.8%，与 2000 年相比提高了 13.8 个百分点。目前内蒙古天然草原产草量的区域差异较大，各类草场平均单产在 345~2865 千克/公顷，但随着国家和自治区对草原保护力度的加大，内蒙古草原草产量增长潜力较大。享誉"中国草都"的内蒙古自治区阿鲁科尔沁旗，草原面积 104 万公顷，是中国集中连片种植紫花苜蓿的最大地区，是 2015 年中国首批列入的 9 个草牧业试点旗县之一，是蒙牛、伊利、三元、光明等国内乳业龙头企业的重要饲草供应基地。

草业是内蒙古传统优势产业，以中国农业科学院草原研究所、内蒙古农业大学、内蒙古师范大学以及内蒙古自治区农牧业科学院为代表的饲草研究机构长期从事饲草科研技术推广和科技人才培养工作，具备坚实的科技创新能力和基础，2021 年饲草产业科技贡献率达 51.80%。截至 2020 年底，以蒙草生态环境（集团）股份有限公司和内蒙古草都草牧业股份有限公司为代表的 110 多家饲草产品加工企业入驻内蒙古自治区，其中 30 余家企业生产能力在 10000 吨以上。可见，内蒙古自治区饲草产业技术研发以及饲草加工企业的能力为内蒙古自治区草产业的发展提供坚实的基础。除广袤的天然草原之外，内蒙古还有 910 万公顷的耕地面积，各地人工草地也得到了不同程度的发展，饲草饲料产业拥有丰富的原料来源。

3.3.4　政策激励环境

2022 年，农业农村部印发的《"十四五"奶业竞争力提升行动方案》指出，"十四五"期间，中国支持 100 个奶业大县示范高质量发展。在内蒙古东北产区、华北和中原产区、西北产区支持 80 个年牛奶产量 5 万吨以上的奶业大县，其中对内蒙古、河北和黑龙江三个省份支持比例不低于 50%。同时在支持内蒙古、甘肃、宁夏建设一批高产优质苜蓿基地，提高国产苜蓿品质，推广青贮苜蓿饲喂技术，提升国产苜蓿自给率。推进农区种养结合，探索完善牧区半舍饲模式，推动农牧交错带种草养畜。全面普及奶牛青贮玉米饲喂技术，支持"粮改饲"政策实施范围扩大到所有奶牛养殖大县。

内蒙古自治区在结合《"十四五"奶业竞争力提升行动方案》《推进奶业振兴若干政策措施》《内蒙古自治区人民政府办公厅关于推进奶业振兴的实施意见》和内蒙古自治区的《奶业振兴三年行动方案（2020—2022 年）》等政策的基础上，于 2022 年印发了《内蒙古自治区推进奶业振兴九条政策措施》，主要制定新建规模化奶牛养殖场补贴政策、使用专项债新建奶业发展园区支持政策、龙头企业生鲜乳加工增量的补贴政策、龙头企业生鲜乳喷粉的补贴政策、性控胚胎培育优质奶牛的补贴政策、新增规模化苜蓿草种植的补贴政策、设立奶牛疫病防控专项资金、支持乳业创新平台建设、设立自治区奶业振兴基金等一系列政策，内蒙古力争在 2025 年率先实现奶业振兴，为内蒙古奶牛业的发展提供良好的政策激励环境。

3.4 问卷设计与样本特征

3.4.1 问卷设计

本书内容需要获取牧场和农户层面的微观数据，为了保证问卷设计的有效性与数据可获得性，本书用到的调研问卷设计主要遵循以下几个原则。第一，在内容设计上要简洁清晰，避免篇幅过长内容复杂。课题组多年的调研经验可以发现牧场和农户调研的难度，问卷设计时特别关注内容的清晰明了以及逻辑严谨性，避免大量回忆性的问题出现。第二，问卷题目的设计要紧紧围绕研究目标，并且符合受访者的特征。第三，问卷设计要适合牧场和农户层面受访者的认知特点，避免设置过于宏观、复杂、深奥等难以回答的问题，尽量避免专业术语的过度运用，多以简单通俗的日常用语来代替，以减少由于误解而造成的调研误差。本书用到的问卷是在理论模型的基础上，借鉴相关文献中的问卷内容以及咨询该领域的专家，针对实证分析中需要用到的研究变量展开设计。最终形成牧场和农户层面的两套问卷，其中牧场问卷包括牧场负责人及牧场基本情况、牧场参与种养结合情况、牧场种植饲草料的投入产出情况、牧场奶牛养殖的投入产出情况、牧场产品销售情况、牧场粪污处理情况、牧场所处环境规制及市场交易成本情况、牧场固定资产购置及折旧情况、牧场借贷情况、牧场劳动力情况和牧场养殖管理等情况。农户问卷包括农户个体特征及家庭经营情况、农户参与奶牛业种养结合情况、饲草料交易环境情况、农户耕地资源情况、农作物种植投入产出情况、家庭劳动力人数及非农就业情况、固定资产购置及折旧情况和农户借贷等情况，问卷详细内容请看附件。

本书重点关注牧场和农户参与奶牛业种养结合行为以及经济效益。因此在调研问卷中，重点关注牧场参与种养结合情况、牧场种植饲草料的投入产出情况、牧场奶牛养殖的投入产出情况、牧场产品销售情况、牧场所处环境规制及市场交易环境情况、牧场固定资产购置及折旧情况、牧场借贷情况、牧场劳动力情况；农户的农户参与奶牛业种养结合情况、饲草料市场交易成本情况、农户耕地资源情况、农作物种植投入产出情况、家庭劳动力人数及非农就业情况、固定资产购置及折旧情况和农户借贷等情况。

3.4.2　样本受访者特征

3.4.2.1　牧场样本

本次调研样本中，牧场负责人为男性所占的比例最大，共有 57 家牧场，占样本总数的 86%，牧场负责人为女性的有 9 家牧场，占样本总数的 14%。牧场负责人的年龄最小的 27 岁，最年长的达到 68 岁，负责人年龄 30 岁及以下的牧场数量仅有 3 家，占比最少，仅有 5%。负责人年龄 60 岁及以上的牧场共有 5 家，占样本总数的 7%。负责人年龄在 51~60 岁的牧场最多，共有 23 家，占总数的 35%，其次是负责人年龄为 41~50 岁牧场共有 21 家，占样本总数的 32%。负责人年龄在 31~40 岁的牧场有 14 家，占比为 21%。从调研牧场负责人的年龄结构分布来看整体上呈现为两头小中间大的基本格局。

从牧场负责人的受教育水平来看，牧场负责人的受教育程度普遍较高，负责人文化水平为小学文化及以下的牧场共有 7 家，占样本总数的 11%，负责人文化水平为初中文化及以下的牧场共有 6 家，占总样本的 9%，而负责人文化水平为高中文化及以下的牧场共有 19 家，占总样本的 29%，负责人文化水平为本科文化及以下的牧场最多，有 25 家，占总样本的 38%，负责人文化水平高于本科学历的牧场也有 9 家，占总样本的 14%。从牧场负责人是否本村居民的角度分析，调研样本中负责人是本村居民的牧场有 38 家，占总样本的 58%，而非本村居民的牧场共有 28 家，占总样本的 42%。牧场负责人的养殖经验的角度分析，牧场负责人的养殖经验 10 年及以下的牧场共有 15 家，占总样本的 23%，养殖经验 11~20 年的牧场数量最多，共有 32 家，占总样本的 48%，养殖经验在 21~30 年的牧场共有 17 家，占总样本的26%，养殖经验31年及以上的牧场数量最少，仅有2家，仅占总样本的3%。牧场负责人特征的描述性统计分析如表3-4所示。

表3-4　牧场负责人特征描述性统计分析　　　　单位：家，%

统计指标		样本数量	样本占比
性别	男	57	86
	女	9	14
年龄	30 岁及以下	3	5
	31~40 岁	14	21
	41~50 岁	21	32
	51~60 岁	23	35
	60 岁以上	5	7
受教育年限	5 年及以下	7	11
	6~8 年	6	9
	9~11 年	19	29
	12~15 年	25	38
	16 年及以上	9	14
是否本村居民	是	38	58
	否	28	42
养殖年限	10 年及以下	15	23
	11~20 年	32	48
	21~30 年	17	26
	31 年及以上	2	3

3.4.2.2　农户样本

表3-5是农户样本特征的描述性统计分析情况。

表3-5　农户样本特征描述性统计分析　　　　单位：户，%

统计指标		样本数量	样本占比
性别	男	587	95.60
	女	27	4.40

续表

统计指标		样本数量	样本占比
年龄	30 岁及以下	4	0.65
	31~40 岁	53	8.63
	41~50 岁	159	25.90
	51~60 岁	279	45.44
	60 岁以上	119	19.38
受教育年限	未上过学	20	3.26
	5 年及以下	103	16.78
	6~8 年	236	38.44
	9~11 年	170	27.69
	12~15 年	85	13.84
	16 年及以上	0	0.00
是否村干部	是	80	13.03
	否	534	86.97

本次调研农户样本中，户主为男性所占的比例最大，共 587 户，占样本总数的 95.60%，户主为女性的共有 27 户，占样本总数的 4.40%。户主年龄最小的 28 岁，最年长的 78 岁，30 岁及以下农户样本为 4 户，占总样本的比重最少，仅有 0.65%。户主年龄 60 岁以上的农户共有 119 户，占样本总数的 19.38%。51~60 岁年龄段的农户数量最多，共有 279 户，占总样本的 45.44%，其次是 41~50 岁的农户，共有 159 户，占总样本的 25.90%，31~40 岁的户主共有 53 户，占比为 8.63%。

从调研农户的年龄结构分布来看，整体上呈现为两头小中间大的基本格局。由于年轻劳动力的迁移，老年劳动力的数量大于青年。并且，随着农村地区医疗健康水平日益提高，社会养老保障条件逐步改善，老年人口数量增多，老年人比重在未来将持续上升，老龄化发展趋势对于农村地区的经济发展都将带来巨大的压力。从农户的受教育水平来看，农户受教育程度普遍较低。虽然没有受过教育的农户仅有 20 户，仅占总样本的 3.26%，但是小学文化及以下的农户占样本总数的 16.78%，户主受教育水平是初中文化及以下的农户数量最多，共有 236 户，占总样本的 38.44%，高中文化及以下的农户共有 170 户，占总样本的 27.69%，本科文化及以下的农户仅有 85 户，占总样本的 13.84%。从调研农户的干部经历来看，大多数户主没有村干部经历，这样的户主共有 534 户，占样本总数的 86.97%；村干部农户为 80 户，占比为 13.03%。

3.4.3 样本参与种养结合情况

3.4.3.1 牧场参与种养结合的情况

在本次调研的牧场样本中，牧场"种植饲草+养殖奶牛"的实现内部循环种养结合模式的牧场数量共有 32 家，占总样本的 48.48%，其中耕地面最少的 40 亩，最多的 7100 亩。从单头奶牛的平均耕地面积角度分析，实现内部循环种养结合模式的牧场单头奶牛拥有的平均耕地面积为 2.61 亩/头，低于国际经验值，德国饲养 1 头奶牛需要 6 亩耕地、丹麦饲养 1 头奶牛约需要 11 亩耕地、瑞典饲养 1 头奶牛约需要 9 亩耕地（赵俭等，2019）。其中最小的仅有 0.035 亩/头，最多的 21.23 亩/头。从种植饲草的品种分析，32 家实现种养结合模式的牧场中只种植青贮玉米的牧场有 26 家，占内部循环种养结合牧场的 81.25%；仅种植燕麦草的牧场有 1 家，占内部循环种养结合牧场的 3.13%；种植青贮玉米又种植燕麦草的牧场有 4 家，占内部循环种养结合牧场的 12.5%；种植青贮玉米、苜蓿草和燕麦草的牧场有 1 家，占内部循环种养结合牧场的 3.13%，故实现内部循环种养结合模式的绝大部分牧场是以种植青贮玉米为主，种植苜蓿和燕麦草等优质牧草的牧场还是少数。从牧场种植的青贮玉米占牧场年需求量的比重分析，32 家实现内部循环种养结合模式的牧场自己种植的青贮玉米占牧场年青贮玉米总需求量的平均比例为 63.01%，说明 32 家内部循环种养结合模式的牧场青贮玉米的平均自给率为 63.01%。其中青贮玉米能够实现完全自给的牧场有 9 家，占内部循环种养结合牧场的 28.13%；青贮玉米自给率达 80%~99% 的牧场有 6 家，占内部循环种养结合牧场的 18.75%；青贮玉米自给率达 50%~79% 的牧场有 6 家，占内部循环种养结合牧场的 18.75%；青贮玉米自给率达 20%～49% 的牧场有 6 家，占内部循环种养结合牧场的 18.75%；青贮玉米自给率 19% 以下的牧场有 5 家，占内部循环种养结合牧场的 15.62%。

在本次调研的牧场样本中，"农户种植+牧场养殖"的种养结合模式的牧场数量共有 23 家，占总样本的 36.36%，其中"农户种植+牧场养殖"且将牧场养殖粪肥提供给农户实现闭环外部循环种养结合模式的牧场仅有 14 家，仅占调研总样本的 21.21%。其中，14 家已实现闭环外部循环种养结合模式的牧场从农户购买的饲草品种均为青贮玉米，且从农户购买的青贮玉米占牧场年青贮玉米需求量比例为 68.07%，其中最低为 7.17%，最高为 89.13%。已实现外部循环种养结合模式的 14 家牧场中有 4 家牧场是同时实现内部和外部循环种养结合模式，仅有 10 家牧场是只采纳外部循环种养结合模式，仅占样本牧场的 15.15%。

3.4.3.2　农户参与种养结合的情况

农户主要是种植饲草销售给牧场和消纳牧场粪肥的形式参与奶牛业"农户种植+牧场养殖"的外部循环种养结合模式。根据第 2 章的概念界定，奶牛业外部循环种养结合模式是农户种植饲草销售给牧场，同时从牧场获取养殖粪污还田至种植饲草料的耕地，实现饲草和粪肥等物质在农作物和奶牛间循环，真正实现能量在动植物与耕地间闭环循环，实现农畜产品的有机、绿色化。本书采用"农户是否种植青贮玉米、燕麦草或苜蓿草""农户种植的饲草是否销售""农户种植饲草时是否投入粪肥""农户投入的粪肥是否来自于牧场"四个问题确定农户是否参与奶牛业外部循环种养结合模式。本书实地调研数据中农户参与奶牛业外部循环种养结合模式的情况如表 3-6 所示。

表 3-6　农户参与奶牛业外部循环种养结合模式情况　　单位：户

农户参与外部循环种养结合模式的衡量标准	样本数量
种植青贮玉米、燕麦草和苜蓿草等饲草的农户	231
扣除：种植的饲草完全自用的农户	8

续表

农户参与外部循环种养结合模式的衡量标准	样本数量
种植饲草且销售的农户	223
扣除：种植饲草时完全没有投入粪肥的农户	5
种植饲草销售，且种植饲草时投入粪肥的农户	218
扣除：种植饲草时投入的粪肥完全来自于农户家庭的农户	4
参与外部循环种养结合模式的农户	214

资料来源：根据调研数据整理。

在 614 户农户调研样本中满足上述四个问题的参与外部循环种养结合模式的农户数量为 214 户，占总样本的 34.85%。从农户种植的饲草品种分析，在 214 户参与外部循环种养结合模式的农户中只种植青贮玉米的农户有 185 户，占参与外部循环种养结合模式农户样本的 86.45%；只种植苜蓿草的农户有 10 户，占参与外部循环种养结合模式农户样本的 4.67%；只种植燕麦草的农户有 4 户，占参与外部循环种养结合模式农户样本的 1.87%；种植青贮玉米又种植苜蓿草的农户有 8 户，占参与外部循环种养结合模式农户样本的 3.74%；种植青贮玉米又种植燕麦草的农户有 5 户，占种植饲草并销售农户总样本的 2.34%；种植苜蓿草又种植燕麦草的农户有 2 户，占参与外部循环种养结合模式农户样本的 0.93%；同时种植青贮玉米、苜蓿草和燕麦草的农户仅有 0 户。从参与外部循环种养结合模式农户种植饲草料的耕地面积占家庭总耕地面积的角度来分析，在 214 户种植饲草并销售的农户的销售饲草料耕地面积占家庭总耕地面积的平均比例为 47.37%。其中种植饲草料耕地面积占家庭总耕地面积的比例小于等于 20% 的农户共有 42 户，占参与外部循环种养结合模式农户样本的 19.63%；种植的饲草料耕地面积占家庭总耕地面积的比例 20%~40% 的农户共有 56 户，占参与外部循环种养结合模式农户样本的 26.17%；种植的饲草料耕地面积占家庭总耕地面积的比例 40%~60% 的农户共有 47 户，占参与外部循环种养结合模式农户样本的 21.96%；种植的饲草料耕地面积占家庭总耕地面积的比例 60%~80% 的农户共有 33 户，占参与外部循环种养结合模式农户样本的 15.42%；种植的饲草料耕地面积占家庭总耕地面积的比例 80%~100% 的农户共有 37 户，占参与外部循环种养结合模式农户样本的 16.82%。214 户参与外部循环种养结合模式的样本中种植的饲草全部销售的农户有 123 户，占参与外部循环种养结合模式农户样本的 57.48%，而部分自用部分销售的样本有 91 户，占参与外部循环种养结合模式农户样本的 42.52%。

因此，在调研样本中农户真正参与奶牛业外部循环种养结合模式的比例较小，即便是参与的农户其参与强度（种植饲草的耕地占家庭总耕地面积的比例）也不高，尤其农户与牧场之间的连接强度不高。

3.5 本章小结

本章首先围绕内蒙古奶牛业发展现状展开介绍。自改革开放以来，依托于天然优越的地理位置与绿色资源优势，奶牛业的生产力得到了极大的解放和发展。内蒙古奶牛业的综合生产能力持续增强，内蒙古奶牛业在中国奶牛业的发展起到重要的作用。自 2008 年以来内蒙古奶牛业生产方式逐渐转变，从农户养殖向合作社、家庭牧场以及公司制牧场养殖的标准化、规模化养殖方式转型，而且乳脂率、乳蛋白率、体细胞以及单产水平等质量安全水平不断提升。近年来，内蒙古奶牛业的发展也遭遇一些困境。一方面，饲草料、固定资产等要素价格上涨导致经营成本逐年攀升；另一方面，国家畜禽环境污染整治力度逐渐加大，内蒙古奶牛养殖牧场没有足够的耕地消纳养殖粪污，且牧场与农户之间的粪污消纳方面的连接并不紧密引起环境污染风险相对严峻，内蒙古奶牛业如何在适度规模化的基础发展环境友好型养殖模式是奶牛业绿色、健康、可持续高质量发展的有效路径。种养业的物质和能量循环原理证明种养结合模式是实现规模化养殖场、环境友好型转型的有效路径，但牧场实地调研样本发现，内蒙古奶牛业参与内部循环种养结合模式的牧场比例较小，参与强度较低，32家内部循环种养结合牧场单头奶牛的平均耕地仅有2.61亩，远低于世界其他国家。而完全参与闭环式"农户种植+牧场养殖"的种养结合模式的牧场，仅有10家，仅占样本牧场的15.15%。

　　为进一步有效推进奶牛业种养结合模式的发展，从奶牛业种养结合模式的实践出发，探究影响奶牛业内部和外部循环种养结合模式形成的关键影响因素，构建内部和外部循环种养结合模式形成机理，分析种养结合模式的经济效益显得至关重要。基于此，本书第4章至第7章的内容安排如下：首先，第4章基于对5家牧场内部循环种养结合牧场，1家"牧场+合作社+农户"的外部循环种养结合模式的牧场、合作社和农户，1家"牧场+农户"的外部循环种养结合模式的牧场和农户的半结构化访谈资料，采用多案例的扎根理论分析方法挖掘影响奶牛业内部和外部循环种养结合模式的关键影响因素，并构建内部和外部循环种养结合模式的形成机理。其次，奶牛业内部和外部循环种养结合模式是随着主要参与主体（牧场和农户）在内外部因素共同影响下做出参与行为而形成的。因此，本书第5章和第6章基于第4章奶牛业内部和外部循环种养结合模式形成机理的分析，从农户内在感知、政策激励、交易成本和社会化服务等因素对牧场和农户参与行为影响的视角实证检验奶牛业内部和外部循环种养结合模式的形成。最后，奶牛业内部和外部循环种养结合模式形成之后能否健康、可持续发展的关键是种养结合模式能否提高参与主体的经济效益。因此本书第7章选择牧场参与内部循环种养结合模式的经济效益和农户参与外部循环种养结合模式的经济效益视角探究种养结合模式的经济效益问题。

第4章　奶牛业种养结合模式形成机理的扎根理论分析

第3章对内蒙古奶牛业发展现状及调研样本特征进行了详尽的分析。然而根据第1章的现有种养结合模式文献的梳理发现，现有文献对种养结合模式的形成，尤其是奶牛业种养结合模式的形成机理的研究相对缺乏，并未形成一致的观点。因此，本章采用扎根理论的探索性研究方法挖掘影响奶牛业内部和外部循环种养结合模式形成的关键因素，构建奶牛业内部和外部循环种养结合模式的形成机理。具体的结构安排如下：第一部分是问题的提出，第二部分是研究设计，第三部分是内部循环种养结合模式的形成机理分析，第四部分是外部循环种养结合模式的形成机理分析，第五部分是本章小结。

4.1　问题的提出

就可持续发展而言，我国传统农牧业的快速发展是以牺牲资源环境为代价的。自21世纪以来，农牧业长期发展中积累的耕地和水资源过度开发、化肥等工业肥料的过度使用、耕地有机含量下降、养殖粪污环境污染等农牧业面源污染严重、农作物种植品种单一化、草原等生态系统退化等问题日益凸显，农业绿色发展刻不容缓。种养结合模式遵循农牧业物质和能量循环利用原则，是农牧业绿色、可持续、高质量发展的有效路径。2020年9月国务院办公厅印发的《关于促进畜牧业高质量发展的意见》中指出，持续推动畜牧业绿色循环发展，明确指出农区要推进种养结合，鼓励在规模种植基地周边建设农牧循环型畜禽养殖场（户），促进粪肥还田，加强农副产品饲料化利用。农牧交错带要综合利用饲草、秸秆等资源发展草食畜牧业，加强退化草原生态修复，恢复提升草原生产能力。草原牧区要坚持以草定畜，科学合理利用草原，鼓励发展家庭生态牧场和生态牧业合作社。然而相比于传统养殖模式，种养结合模式本质是对生态的关照，是牺牲短期经济价值换取长期生态价值的过程，具有较强的外部性特征，再加农业本身具有天然弱质性特征，种养结合模式在实践中存在缺乏动力的现象。如何激发牧场和农户参与种养结合模式的活力？厘清牧场和农户的种养结合模式参与行为的生成机理是至关重要的。

通过第1章文献梳理发现，尽管学术界对种养结合模式的研究比较丰富，但从总体性视角对种养结合模式的形成机理的全过程审查的研究尚不多见，而且学者们对奶牛业种养结合模式的关注度不足，尤其是奶牛业内、外部循环种养结合模式形成机理的理论探究的关注度更不足。可以说，奶牛业内部和外部循环种养结合模式的形成机理是一个在理论上暂未取得充分认知的学理性问题，既有理论模型无法解释种养结合模式实践中推行困难的现实问题。虽然也有少量文献对农户参与种养结合模式行为的内部和外部影响因素进行了讨论，为本书的研究提供了有益借鉴，但上述文献多集中于研究某一因素或某几个因素对种养结合模式的影响效应，是对种养结合模式形成机理的局部分析，缺乏对于各驱动因素之间潜在关系的探讨。由于牧场和农户的种养结合模式的参与行为是一个复杂决策过程，受牧场和农户所处内部和外部环境、资源以及能力等诸多因素共同作用的结果。因此，更需要从整体性视角厘清牧场和农户参与种养结合模式行为的内外影响因素的内在关系。这不仅从理论上形成与既有文献的对话和补充，还有助于实践中深入理解为什么种养结合模式在实践中存在推行困境的根本原因，为奶牛业种养结合模式的进一步发展提供理论借鉴。因此，本章采用探索性案例研究方法，对奶牛业种养结合模式形成机理的"黑箱"进行研究。主要聚焦于以下三个问题：一是对牧场和农户进行半结构化访谈获取一手资料，采用扎根理论的方法挖掘影响牧场和农户参与奶牛业种养结合模式决策的内外部影响因素；二是利用成本收益理论、环境规制理论和交易成本理论深入探析奶牛业内、外部循环种养结合模式形成过程中的外部推动机制、内部驱动机制和外部阻碍机制；三是探析外部推动机制、内部驱动机制和外部阻碍机制间的关系。通过对以上问题的深入探讨，建立对奶牛种养结合模式形成的整体认知，为后续的大样本实证研究奠定理论基础。

4.2　研究设计

4.2.1　研究方法

4.2.1.1　研究方法选择

不同的研究方法具有不同的适用性条件，本章的研究问题是牧场和农户参与奶牛业种养结合模式的行为决策的关键影响因素的挖掘以及奶牛业内外部循环种养结合模式的形成机理的研究。其中牧场和农户决策的关键影响因素的挖掘是从现实的实践中发现并归纳总结的归纳逻辑，适合采用扎根理论的研究方法，而在关键影响因素挖掘的基础上提炼奶牛业内外部循环种养结合模式的形成机理是要回答"怎么样""如何""为什么"之类的学术问题，案例研究法、实验研究法和历史分析法比较适合。但是实验研究法要求研究者对研究主体进行直接、精确和系统的控制，然而本章研究的主体是可能参与奶牛业种养结合模式的牧场和农户等微观主体，研究者无法实现对其进行直接、精确和系统的控制，而只能通过参与性观察等进行微弱的非正式控制，而且奶牛业种养结合模式是在现在发生的，未形成历史性的数据和文件，实验研究法和历史分析法不适用于本章的研究问题。因此，本章采用扎根理论的案例研究方法探究奶牛业内外部循环种养结合模式的影响因素以及形成机理。

案例研究分以研究目的不同可分为探索性案例研究、描述性案例研究和解释性案例研究三种类型。探索性案例研究的目的是尝试寻找现象的新洞察并进行理论构建。描述性案例研究的目的是对现象及情境进行详尽描述和客观呈现。解释性案例研究的目的是解释或验证现象背后的潜在的相关关系或因果关系。案例研究以研究对象的数量可以分为单案例研究和多案例研究。单案例研究注重"深描"以及过程分析，通常选择特定情境下的单一典型案例展示理论构念间的逻辑关系及其演进过程。与单案例研究相比，多案例研究采用复制逻辑的思路，一个案例的研究发现可以在其他案例上得到印证或者反对，在对多个案例的比较分析过程中，可以从不同角度对研究问题进行细致生动的分析，有助于识别出牧场和农户参与内部和外部循环种养结合模式的共性影响因素，且多案例研究在发现普适性理论上具有优势，有助于提炼出具有普适性与代表性的研究结论（王瑞琪和原长弘，2022）。本章研究的问题是挖掘影响牧场和农户参与奶牛业种养结合模式行为决策的关键因素，并探究奶牛业内部和外部循环种养结合模式的形成机理，构建奶牛业种养结合模式形成的理论模型，为指导奶牛业种养结合模式的进一步推进提供理论依据。而牧场和农户的种养结合模式的参与行为是在内部因素和外部因素的共同作用下做出的决策行为，包括环境规制、激励政策、市场交易成本、能力、资源以及个体认知等内外部因素，采用扎根理论的多案例研究的复制逻辑思维，可以挖掘牧场和农户参与奶牛业种养结合模式的关键共性因素，并可以探究奶牛业内部和外部循环种养结合模式的共性形成机理。因此，本章采用扎根理论的多案例研究方法。

4.2.1.2　研究方法介绍

扎根理论是一种自下而上建立实质理论的研究方法。在系统收集研究资料的基础上，寻找反映社会现象的核心概念，然后通过比较这些概念及其相互之间的关联来建立相关理论（傅利平等，2020）。作为一种系统性的理论构建方法，扎根理论（Grounded Theory）最早由美国学者格拉泽和施特劳斯在其 1967 出版的著作《扎根理论的发现》中提出。北京大学的陈向明教授认为，扎根理论的研究的目的是生成理论，而理论必须来自经验资料；研究是一个针对现象系统地收集和分析资料，从资料中发现、发展和检验理论的过程；研究结果是对现实的理论呈现；通过系统的资料收集和分析程序而被发现的理论被称为扎根理论（郭欣和陈向明，2015）。与其他研究方法相比，扎根理论将个人研究、文献研究与原始资料紧密结合，由研究者从调研资料中进行归纳、挖掘、升华，构建研究理论（王雷，2022），在实际操作中对资料进行编码并深度分析，最终达到构建理论的目的。扎根理论在发展的过程中，由于学者的学科以及研究背景的不同，先后出现以格拉泽为代表的经典扎根理论、以斯特劳斯为代表的程序化扎根理论和以凯西·卡麦兹为代表的建构主义扎根理论三种类型。经典扎根理论的研究者的认知论的假设、逻辑和系统研究方法等方面都反映出了实证主义研究的特征，而且强调在资料的收集和分析过程中要保持价值中立。在这一研究路径当中，资料的编码过程被分为开放性编码、选择性编码和理论性编码三个阶段。而斯特劳斯在研究中更重视人在实际情境中的主观能动性，认为过程是人类社会得以存续的基础，通过参与过程才能产生社会结构。因此，斯特劳斯在扎根理论原有的基础上引入了一些新的分析手段，如维度化、主轴编码和条件/结果矩阵等，并将扎根理论的资料编码过程分为开放性编码、主轴编码和选择性编码三个阶段，使扎根理论的研究过程向程序化转型，人们将其称为程序化扎根理论。建构主义的扎根理论认为任何形式的理论提供的都是关于我们对这个世界的一种力所能及的图像解释，而不是世界本来面目的真实呈现。因此，扎根理论研究只是给我们提供了一套原则和实践方法，而不是处理好的一种研究程序，强调在研究过程中要保持其灵活性。建构主义扎根理论将资料的编码过程划分为初始编码、聚焦编码、轴心编码和理论编码四个阶段。本书采用开放性编码、主轴性编码、选择性编码，最后构建奶牛业种养结合模式形成的理论模型。资料分析过程的介绍如表 4-1 所示。

表4-1　扎根理论资料分析过程

编码	分析步骤
开放性编码	对所有材料进行登记，发现概念归属。秉持开放的心态对原始资料贴标签，形成范畴，并进一步对比
主轴性编码	依据范畴之间的逻辑关系，探索概念属性之间的关系，找出范畴之间所归属的类别，进一步提炼出主范畴
选择性编码	选择核心类属，这些核心类属具有统领性，可以在一个宽泛的理论范围内囊括研究结果，形成扎根理论

　　多案例研究方法遵循复制的原则，首先提出理论假设或构建理论分析框架，然后选择案例，获取一手或二手的原始数据，采用逐项复制和差别复制来修正或推翻之前的理论假说，产生的新观点，构建理论分析框架，再反复验证、修正和推翻，最终产生新的理论分析框架的规范研究的方法。多案例研究模仿自然科学中的重复实验原理，保障社会科学中案例研究的科学性和有效性，研究的信度和效度更高，得出的结论更具有普适性和一般性。本章遵循扎根理论的多案例研究的范式，通过理论文献和实践资料的不断循环迭代而涌现理论，本章的案例研究方法与流程如图 4-1 所示。

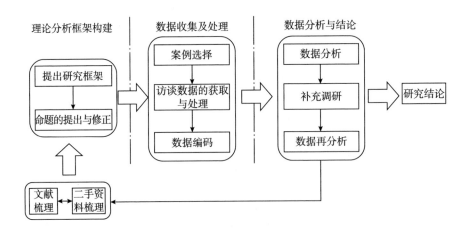

图4-1　本章的案例研究方法与流程

4.2.2　案例选取

4.2.2.1　内部循环种养结合模式案例选取

本书所指的内部循环种养结合模式是奶牛养殖牧场流转相应规模的土地种植青贮玉米、苜蓿草、燕麦草等饲草养殖奶牛，同时将奶牛养殖产生的粪肥还田至种植饲草耕地的农牧业产生的物质和能量在牧场内部进行循环利用的养殖模式。本章依据多案例研究方法案例选择的适配性、多样性和数据可得性原则，选择如下 5 个内部循环种养结合牧场，案例牧场的基本特征情况如表 4-2 所示。

表 4-2　内部循环种养结合模式的案例牧场基本特征

单位：头，亩

牧场名称	地区分布	牧场规模	牧场性质	耕地规模
XY 牧业	巴彦淖尔市	5850	公司制	7000
JT 奶牛养殖牧场	呼和浩特市	520	家庭牧场	700
DX 源奶牛养殖公司	包头市	915	家庭牧场	1000
AY 牧场	赤峰市	11500	中外合资	7100
YF 乳源奶牛合作社	兴安盟	319	合作社型牧场	300

（1）适配性原则。

适合本章研究问题的案例牧场应满足两点：一是案例牧场应为奶牛养殖牧场，二是案例牧场应为已经实现内部循环种养结合模式的牧场。本章所选的案例牧场中除悠然牧业以外都是专业化奶牛养殖牧场；XY 牧业是既养奶牛又养肉牛的公司制牧场，但 XY 牧业肉牛养殖和奶牛养殖分开核算，调研组调研悠然牧业时仅针对奶牛养殖场进行详细调研。并且从耕地规模分析，上述 5 个案例牧场具有相应规模的饲草料种植用地，实现内部循环种养结合模式。因此，本章选择的 5 个案例牧场与本章研究的问题有很高的适配度。

（2）多样性原则。

本章选择的牧场从地区分布角度分析，上述 5 个案例牧场分别在内蒙古巴彦淖尔市的杭锦后旗、呼和浩特市的托克托县、包头市的九原区、赤峰市的阿鲁科尔沁旗和兴安盟的科尔沁右翼前旗，横跨内蒙古东部、中部、西部；从养殖规模分析，上述 5 个案例牧场养殖规模呈现多样化，最小规模牧场年平均存栏头数仅有 319 头奶牛，但最大规模牧场年平均存栏头数达到 11500 头；从牧场的性质分析，上述 5 个案例牧场有 1 个公司制牧场、2 个家庭牧场、1 个中外合作牧场和 1 个合作社型牧场。无论从地区分布、养殖规模还是牧场性质看，本章选择的 5 个案例牧场都能很好地满足多案例研究的逐项复制和差别复制的基本原则。

（3）数据可得性。

上述 5 个奶牛养殖牧场管理规范，牧场管理人员以及员工比较稳定，且课题组成员常年在内蒙古杭锦后旗、托克托县、九原区、阿鲁科尔沁旗以及科尔沁右翼前旗进行调研，与牧场管理人相对比较熟悉，可以通过调研及访谈获得较为完整的一手数据。

4.2.2.2 外部循环种养结合模式案例选取

根据第 2 章的概念界定，奶牛业外部循环种养结合模式是农户种植饲草销售给牧场，同时牧场将养殖粪污以肥料形式提供给农户并还田的种养业的物质与能量以土地为媒介在牧场和农户之间循环的"农户种植+牧场养殖"的种养结合模式。本章依据多案例研究方法案例选择的适配性、多样性和数据可得性原则，选择如下 2 个外部循环种养结合牧场、1 个种植饲草农民专业合作社和 30 户农户，案例牧场、合作社和农户的基本特征情况如表 4-3 所示。

表 4-3　外部循环种养结合模式的案例牧场、合作社和农户的基本特征

访谈主体的名称	经营规模	性质
SM 牧业第 8 牧场（头）	3600	养殖企业牧场
YZY 奶牛养殖农民专业合作社（头）	800	家庭牧场
HZ 种植合作社（亩）	5800	农民专业合作社
什兵地村农户（亩/户）	114	农民

（1）适配性原则。

适合本章研究问题的案例牧场应满足两点：一是案例牧场应为奶牛养殖牧场，二是案例牧场应从农户购买饲草同时将养殖粪污提供给农户的"农户种植+牧场养殖"的外部循环种养结合模式的牧场。本章选择的 SM 牧业第 8 牧场和 YZY 奶牛养殖农民专业合作社均为专业奶牛养殖的牧场。其中 SM 牧业第 8 牧场通过 HZ 种植合作社与农户进行链接，实现从农户购买饲草并将养殖粪污提供给农户的目标，而 YZY 奶牛养殖农民专业合作社通过书面协议方式将养殖粪污销售给农户，并且以市场交易方式从农户购买青贮玉米，从而实现外部循环种养结合的目的。故本章选择的案例牧场对研究问题的适配度较高。

（2）多样性原则。

从养殖规模的角度分析，本章选择的两个牧场：一个为中规模牧场，奶牛存栏头数达到 3600 头，另一个为奶牛头数仅有 800 头的小规模牧场；从牧场的性质分析，SM 牧业第 8 牧场为企业性质的牧场，而 YZY 奶牛养殖农民专业合作社实质上是家庭牧场的性质；从牧场与农户链接形式分析，SM 牧业第 8 牧场通过中介组织 HZ 种植合作社与农户进行链接，而 YZY 奶牛养殖农民专业合作社直接与农户进行链接，满足多案例研究的多样性要求。

（3）数据可得性。

上述 2 个奶牛养殖牧场管理规范，牧场管理人员以及员工比较稳定，且课题组成员常年在内蒙古呼和浩特市土默特左旗进行调研，与牧场管理人员相对比较熟悉，可以通过调研及访谈获得较为完整的一手数据。

4.2.3　研究数据收集

为了保证数据收集过程的科学性和严谨性，提升案例研究资料的信度与效度，Camic 等（2003）和 Patton（2015）提出"证据三角形"的原则，具体而言证据的三角形包括不同证据来源的资料三角形、不同研究者的资料三角形、同一资料集合的不同维度的理论三角形和不同方法的方法论三角形（Patton，2015）。本书借鉴以上思想，通过不同研究者、样本中的不同人群、不同的时间和情境，构建证据三角形，以获得更加充足的资料，多角度、多层次地测试和修正观点。

首先，数据收集过程由课题组的不同成员共同完成，课题组由1位教授、1位副教授、1位讲师、4位博士生组成。在实地调研阶段，课题组被分为两队：一队负责调研牧场，另一队负责调研农户。每次访谈保证至少3位以上课题组成员全程参与并记录，调研后课题组及时整理并讨论，对记录内容进行二次核实。其次，课题组的访谈对象包含牧场的负责人、牧场饲草料采购人员、衔接牧场和农户的合作社负责人、附近村庄农户、附近村庄的村干部以及当地农牧业局业务负责人员等。最后，课题组在不同时间及情境下分别对牧场进行了2次调研，2021年5月和7月，课题组成员对内蒙古巴彦淖尔市杭锦后旗的XY牧业进行2次的调研；2022年1月和5月，课题组成员对内蒙古呼和浩特市托克托县的JT奶牛养殖牧场和包头市九原区的DX源奶牛养殖公司进行2次调研，其中2022年1月采取实地调研方式，2022年5月采取电话访谈方式补充相应资料；2022年8月和12月，课题组成员对内蒙古赤峰市阿鲁科尔沁旗的AY牧场和兴安盟科尔沁右翼前旗的YF乳源奶牛合作社进行2次调研，其中8月采用实地调研方式，12月采用电话访谈方式补充资料；2022年1月和2023年7月，课题组成员对呼和浩特市土默特左旗的SM牧业第8牧场进行2次的实地调研；2023年7月，课题组成员对呼和浩特市土默特左旗的YZY奶牛农民专业合作社进行1次实地调研（见表4-4）。最终，本书通过以上举措建立起稳定的、具有一定说服力的证据三角形，提高了研究的信度和效度。

表4-4　种养结合模式案例的访谈情况

受访者	访谈主题	访谈时间（分钟）	访谈次数（次）
XY牧业负责人	牧场实施内部循环种养结合模式的过程	245	2

续表

受访者	访谈主题	访谈时间（分钟）	访谈次数（次）
JT 奶牛养殖牧场负责人	牧场实施内部循环种养结合模式的过程	240	2
DX 源奶牛养殖公司负责人	牧场实施内部循环种养结合模式的过程	260	2
AY 牧场负责人	牧场实施内部循环种养结合模式的过程	289	2
YF 乳源奶牛合作社负责人	牧场实施内部循环种养结合模式的过程	275	2
SM 牧业第 8 牧场负责人	牧场实施外部循环种养结合模式的过程	280	2
牧场附近农户 30 人	农户参与奶牛业外部循环种养结合模式情形	3650	30
HZ 种植合作社负责人	奶牛业外部循环种养结合模式形成中的作用	360	1
YZY 奶牛养殖农民专业合作社	牧场实施外部循环种养结合模式的过程	120	1

　　课题组对上述资料进行了细致的整理、转录、分类、编码和汇编，构建了包含约 88 万字的案例数据库。案例数据库中的内容相对比较原始，并未经过大幅修改，仅将资料进行了转录和补充完整，以保证数据的可信度和客观性。

4.3　内部循环种养结合模式的形成机理分析

4.3.1　扎根分析过程

　　为保证数据分析过程的严谨性，借鉴刘海兵等（2023）的扎根理论资料编码的做法，采用三级编码程序，对内部循环种养结合的案例牧场一手资料进行编码。为了降低编码过程中主观因素带来的编码偏误，增加编码分析过程中捕获理论的敏感性，分别采取小组讨论、大组讨论以及专家组评价的方法控制扎根分析过程的质量。小组讨论由课题组内的 4 名博士研究生组成，本书作者负责对实地调研资料获取的一手数据进行初步编码，再与另外三位小组成员就编码操作的具体过程、析出的概念及概念界

定、理论模型的构建等进行讨论。小组讨论每周固定进行一次，每次约
3 小时。课题组每两周召开例会，设置专门环节针对编码和理论构建过程
中小组讨论出现的矛盾和分歧进行大范围的大组讨论，通过思维碰撞和深
入讨论，最终获得课题组成员一致认同的见解。此外，为进一步确保资料
分析和理论构建的信度与效度，本课题组还聘请奶业经济、种养结合模式
研究以及农村发展研究领域的 3 名专家对上述讨论结果进一步评议和审
核。同时在上述编码的全过程中，课题组成员尤其是论文作者与访谈对象
或相关人员保持联系，及时地进行回访以修正补漏。本章主要参考刘海兵
等（2023）的编码过程，对内部循环种养结合牧场的资料进行编码，具
体的操作过程如下：

4.3.1.1　开放式编码过程

首先，将课题组 4 名博士研究生分成 2 个小组，分组反复研读调研资
料，将重复数据进行合并或归一化处理，并整理影响牧场采纳奶牛业内部
循环种养结合模式决策的关键因素的相关资料，对其进行开放式编码和加
贴标签。其次，2 个小组就开放式编码情况进行充分讨论，并与理论反复
对话，提炼出 40 个初始概念。最后，在查阅相关文献和理论资料的基础
上课题组 4 名博士研究生充分讨论并梳理初始概念之间的关系，并将每一
组的初始概念进行归类，得到 16 个范畴。具体如表 4-5 所示。

表 4-5　内部循环种养结合牧场案例的访谈情况

范畴	初始概念	原始语句
排污压力大	排污标准提高	2015 年以来环保局养殖粪污排放标准越来越高，牧场粪污处理的压力很大
	夏季污水没地方排	虽然我们已经建设粪污处理的设施设备，但碰上雨水多的年份，一下雨氧化塘的水就会溢出来，必须往外排水，但农户的地长农作物的时候不能随便排啊，没地方排污啊
	排污纠纷频繁	有一次我们跟一些农户协商好在他们的耕地排放液粪，结果耕地临近的另一个农户把我们给告了，排在他的耕地里了，很麻烦
	种养季节性矛盾严峻	牧场的固体肥和液体肥与化肥不一样，农作物生长的时候不能排放，只有秋季、春季两个季节才能还至农户田，如果牧场自己有耕地，可以采用休耕的方式保障粪肥有地可排

续表

范畴	初始概念	原始语句
环保监督力度大	环保局检查多	牧场氧化塘的污水环保要求，储存六个月可以排放，但是由于水的颜色黑，即便储存六个月后排放，但是只要有人举报，环保局肯定过来检查
	环保监控严厉	达到排放标准的液肥进行排放时必须用污水专门的运输车拉走，不能用管道排放，保证环保局对液肥排放的全过程进行严格监控
政府补贴政策	种养结合补贴	2017 年开始整县推行种养结合模式的发展，有种养结合的补贴政策
	粪污处理设施设备补贴	国家为推动种养结合模式的发展，为牧场购建牧场粪污资源化处理设施设备以及对运输设备进行补贴
	青贮玉米收储补贴	2017 年开始国家有青贮玉米收储补贴，促进奶牛业种养结合模式的发展
组织培训引导	引导发展种养结合模式	中国经济已进入绿色、生态发展阶段，国家引导牧场流转土地进行种养循环的养殖模式转型
	种养结合培训	近年来农牧局提供很多种养结合的培训，鼓励牧场种养结合模式转型
牛奶价格不乐观	牛奶价格不涨	近几年牛奶价格一直没涨，但饲草料价格一直在涨，自己种植饲草可以节约一部分饲草料成本
	牛奶价格持续下跌	2023 年 4 月开始牛奶价格持续下跌，不仅这样乳制品企业还采取限量措施了，我们牧场一天产奶量为 10 吨，但乳制品加工企业每天只收 8 吨的量
提高牛奶产量和品质	提高牛奶产量	用好草养牛，牛奶产量才能提高，但从外面收购的饲草保证不了质量
	提高牛奶品质	用好草养牛，才能提升牛奶的蛋白质和乳脂率，这样价格才能提高
饲草价格持续上涨	饲草价格上涨	近年来所有的饲草料的价格上涨，养奶牛不挣钱了
	青贮玉米价格上涨	去年青贮玉米一吨才 300 多块钱，2021 年直接涨到 560 元一吨； 近几年玉米价格持续上涨，青贮玉米的价格也随着涨了很多
	苜蓿价格上涨	近年来进口苜蓿的价格也持续上涨

续表

范畴	初始概念	原始语句
饲草供给量	牧场抢草	我们这个地方牧场多，到收青贮玉米的时候各大牧场都在抢草，有时候抢不到青贮
	玉米价格高，农户不卖青贮	现在农户种植的玉米都是粮草兼用的品种，2022年玉米价格比较高，农户不愿意卖青贮玉米，我们牧场的青贮玉米才收储了年需求量的80%吧，没收够
	下霜早农户不卖青贮玉米	每年的9月中旬至10月初大约20天的时间是收储青贮玉米的最佳时期，但我们这个地方这个时间段容易下霜，一旦下霜青贮玉米的产量下降，农户不愿意卖青贮，而是卖籽粒玉米
饲草的质量	青贮质量参差不齐	我们这个地方是养殖大县，青贮玉米供不应求，所以农户那里收购的青贮玉米质量参差不齐
	农户不愿意留插40厘米	收储时留插40厘米的青贮玉米的质量是最好的，但是这会影响农户青贮玉米的产量，农户不愿意
	卖青贮的玉米一般质量不高	如果玉米长得特别好，农户一般不卖青贮玉米，只有长的不好的才卖青贮的
提高专业化水平	专业化生产	专业的人做专业的事情，把精力放在奶牛养殖上，提高奶牛单产，可能挣的钱更多
提高养殖技术	提高养殖技术	提高养殖技术，一年死的牛少几头，比什么都强，自己种植饲草精力就分散了，养牛也养不好了，损失更大
耕地供给	农户不愿意出租	牧场附近村庄的土地是好地，一亩地产量能上2300斤左右，农户不愿意租给我们
	农户愿意流转草地	牧场附近是当地牧民的草场，户均草场面积比较大，而且草场的长势主要依赖当年雨水情况不稳定，牧户愿意流转，且真正租赁的时候当地政府协调租赁事宜，比较容易
	没有可租的地	附近没有可租的土地
耕地价格	租金持续上涨	随着近几年玉米价格上涨，耕地租金也水涨船高，现在赖地都每亩800元，好地都每亩1000元以上了
	租金较低，比较合适	我是本村人，租地比较早，当时每亩价格才350元，比较合适，现在都上涨到七八百了，不太合适了
	租金高	对牧场来讲每亩租金500元的话还很合适，但是现在每亩500元地租不着啊

续表

范畴	初始概念	原始语句
耕地质量	好地不租	农户好地一般不往外租，赖地才往外租啊，牧场租了赖地也不合适啊
	碎片化严重	牧场附近村庄农民的地碎片化严重，牧场大片承包的难度很大，只要中间有那么一户不愿意租就很难租下来
	附近是盐碱地	附近耕地都是盐碱地，什么也不长啊
老龄化水平	老龄化严重	附近村庄农户年龄都大了，村里种地农户 80% 是 60 岁以上的老人，他们愿意出租土地的
	年轻人不愿意租出耕地	只要村里有那么几个年轻人在种地，牧场就很难租上地，村里老人即便价格低点也愿意把地租给村里年轻人，不愿意租给牧场
	现在种地的人老了，种养结合就实现了	现在附近村里 40 岁以下的年轻人种地的很少了，再过 15~20 年这些种地的老人种不动了，种养结合就自然实现了
地理位置	牧场离村近	我们牧场离村仅有 1 公里，跟村民的关系很好，也知道谁家出租土地，村里的耕地也离牧场很近，青贮玉米和粪肥的运输费用较低，种养结合比较合适
	粪污还田的理想半径为 15 公里	牧场液肥重量很大，运输成本较高，离牧场 15 公里以内半径的耕地里还田的话是最理想的
	牧场离村太远	牧场离最近的村庄的距离也得有 15 公里呢，我们也不是本地人，村里的人不太熟悉，也不了解村里谁家有意愿租地这样的信息

4.3.1.2　主轴性编码过程

主轴性编码的主要任务是发现和建构各个范畴之间的关联，以充分反映出原始材料中各个部分之间的有机联系。在主轴性编码阶段，本章遵循"内部驱动—外部保障和约束条件—行为"的逻辑关系，在开放性编码阶段得到的 16 个范畴的基础上，获得约束型环境规制、激励型环境规制、引导型环境规制和物质资本专用性、人力资本专用性、地理位置专用性等环境规制、耕地交易6个外部环境因素和养殖收入、养殖成本和提高奶牛单产3个内部驱动因素。

4.3.1.3 选择性编码过程

选择性编码的核心任务是在整合已获取的概念、范畴基础上发展出一个更具统领性的"核心范畴"，发掘范畴间内在潜在逻辑联系，进而构建能够解释广泛现实案例的一般性理论模型或框架。因此，本章在上述9个主范畴的基础上进一步提炼得到环境规制、养殖利润、养殖效率和交易成本4个核心范畴。

选择性编码、主轴性编码、开放性编码形成的编码结果如表4-6所示。

表4-6　内部循环种养结合模式形成的三级编码结果

选择性编码	主轴性编码	开放性编码
环境规制	约束型环境规制	排污压力大
		环保监督力度大
	激励型环境规制	政府补贴政策
	引导型环境规制	组织培训和引导
养殖利润	养殖收入	牛奶价格不乐观
		提高牛奶产量和品质
	养殖成本	饲草价格持续上涨
		饲草供给数量
		饲草供给质量
养殖效率	提高奶牛单产	专业化生产
		提高养殖技术
交易成本	物质资本专用性	耕地供给
		耕地价格
		耕地质量
	人力资本专用性	老龄化水平
	地理位置专用性	地理位置

注：根据表4-5归纳总结。

4.3.2　内部循环种养结合模式形成的关键因素

根据 4.3.1 的扎根过程提炼出影响奶牛业内部循环种养结合模式形成的 4 个关键因素，分别为环境规制、养殖利润、养殖效率和交易成本。并且根据不同因素对奶牛业内部循环种养结合模式形成的作用将其分为内部驱动因素、外部保障因素和外部条件因素三类。

4.3.2.1　内部驱动因素

根据扎根分析的结果发现，牧场内部的养殖利润和养殖效率是影响牧场是否采纳内部循环种养结合模式的关键因素。根据成本收益理论，利润最大化是牧场生产经营决策的内在动力，也是牧场从专业化养殖向种养结合养殖模式转型的根本动力。根据 JT 奶牛养殖牧场的调研，2020 年 JT 奶牛养殖牧场的青贮玉米使用量为 2705 吨，其中自己种植的有 560 吨，外购的有 2145 吨，2020 年外购青贮玉米的价格为 394 元/吨；2021 年 JT 奶牛养殖牧场全年青贮玉米使用量为 3152 吨，其中自己种植的有 1750 吨，外购的有 1402 吨，2021 年外购青贮玉米的价格为 477 元/吨，相比 2020 年青贮玉米价格上涨 21.07%，而自己种植青贮玉米的成本价格才 309 元/吨。JT 奶牛养殖牧场 2021 年采纳内部循环种养结合模式种植 700 亩的青贮玉米，节约青贮玉米的年使用成本 294000 元，每吨青贮玉米成本将节约 93 元，提高牧场的养殖利润 294000 元，实现牧场养殖利润扭亏为盈。因此，降低饲草料成本，提高奶牛养殖利润是牧场采纳内部循环种养结合模式的内在驱动力。然而，养殖利润是牧场盈利能力的综合指标，是牧场生产管理能力（养殖能力）和市场的交易能力的集中体现。牧场的生产管理能力主要体现在牧场养殖环节的投入、产出之比，在投入既定的情况下，产出越多或者在产出既定的情况下投入量越少，即养殖效率越高，则说明该牧场的生产管理能力较强。牧场市场交易能力主要体现在牛奶销售和投入要素购买环节，购销价格是牧场市场交易能力强弱的主要表现形式，牧场牛奶销售价格越高或购买饲草料的价格越低，说明牧场市场交易能力越强。当养殖能力的提升对利润的贡献率更高时牧场优先选择提升养殖能力,当交易能力的提升对利润的贡献率更高时牧场选择提升交易能力。而控制牧场的养殖效率的情况下,养殖利润更多体现的是交易能力。因此,牧场的养殖利润和效率是牧场采纳内部种养结合模式决策的主要内在驱动因素。

4.3.2.2 外部保障因素

种养结合模式的本质是对生态的关照,奶牛养殖粪污的消纳是种养结合模式的根本目的,故种养结合模式的生态效益一般高于经济效益,具有很强的正外部性。根据外部性理论,由于外部性的存在导致牧场收益和社会收益以及牧场成本和社会成本出现失衡,政府介入将外部性成本和收益内部化,实现牧场成本、收益与社会成本、收益趋同。具体措施包括对正外部性行为的补偿、负外部性行为的惩罚以及对正外部性行为的引导以及技术培训等。具体措施如下:一是相比于专业化养殖模式,种养结合模式利用种养系统的循环原理,将牧场养殖粪污还田,解决养殖粪污高密度堆放和排放导致的水、空气和土地的污染问题,同时还能提高耕地有机物质和肥力,具有较强的正外部性,但是粪污还田环节需要对粪污进行无害化处理和粪污运输环节产生额外的成本,需要政府资金的补偿。2017 年以来中央和内蒙古出台种养结合补贴政策、规模化奶牛养殖牧场粪污资源化处理设施设备购置补贴政策以及青贮玉米收储政策等,从资金层面有效保障奶牛业内部循环种养结合模式的形成。二是专业化奶牛养殖牧场负责人以及员工缺乏饲草种植技术以及粪污无害化处理技术,需要政府或第三方协会、社会化服务组织层面进行组织引导培训突破饲草种植和粪污无害化处理技术的壁垒,从技术层面保障奶牛业内部循环种养结合模式的形成。三是专业化牧场一般未配备消纳牧场粪污的土地资源,可能出现养殖粪污随意排放导致的负外部性问题,政府严厉的环境污染监督措施和惩罚措施,将外部成本内部化,倒逼奶牛业内部循环种养结合模式的形成。因此,政府的补贴、培训以及惩罚等环境规制政策是奶牛业内部循环种养结合模式形成的主要政策保障因素。

4.3.2.3　外部条件因素

专业化奶牛养殖牧场基本没有相应的耕地资源，能否租赁相应规模的耕地是牧场从专业化养殖模式向种养结合模式转型的关键。然而，中国耕地具有以下几点特征导致中国耕地流转市场存在较高的交易成本，一是由于中国土地的家庭承包责任制度决定中国绝大部分耕地在小农户家庭内部经营，具有农户人数多，但户均耕地面积不大的基本特征。二是中国地缘辽阔，不同省份耕地资源和人口规模差异较大导致不同省份户均耕地规模差异悬殊，呈现东南沿海地区户均耕地较少，而西北地区户均耕地较多。本书研究区域内蒙古位于中国北疆，横跨中国中部、东部、西部地区，户均耕地规模也差异较大，东部地区较少，西部地区较多。三是农户家庭第一次承包耕地时采用根据耕地质量在村集体内部平均分包制度，导致每户家庭的耕地也出现碎片化状态。因此，牧场所在地区的耕地资源条件决定了牧场采纳内部循环种养结合模式的难度。而且随着中国城市化进程，大量年轻农村劳动力进入城市，农村老龄化水平逐渐提高，促进农村耕地流转市场的发展。但由于耕地资源禀赋以及其他社会经济条件的差异导致内蒙古不同地区农村居民老龄化水平存在差异。因此，牧场所在地区耕地资源以及人力资源条件是牧场实现内部循环种养结合模式的外在条件因素，牧场所在地区户均耕地规模较大且碎片化程度较低，老龄化水平较高，那么农户愿意向牧场流转耕地资源，牧场容易实现内部循环种养结合模式。

4.3.3　内部循环种养结合模式的形成机理

奶牛业内部循环种养结合模式的形成是内部驱动因素与外部政策保障和条件因素共同作用的结果。降低饲草料成本、保障饲草料供给数量和质量，提升养殖效率和牛奶品质、提高养殖利润是牧场生产经营的根本动因，也是从专业化养殖转向内部循环种养结合模式的内在驱动力。牧场只要有种养结合的内在驱动力才能主动了解种养结合模式、参加饲草种植和粪污处理技术培训、了解耕地流转情况、参与粪污无害化处理设施设备购置项目，从而形成种养结合模式的认知和意愿。而政府的补贴政策、技术培训政策以及粪污排放监督、惩罚政策从政策层面提供资金保障、技术保障和监管保障，正向促进牧场采纳内部循环种养结合模式。目前，绝大部分牧场的内部循环种养结合模式的认知和意愿都很高，各级也极力推进牧场向内部循环种养结合模式转型，但实践中实现内部循环种养结合模式的牧场比例仍然较低，主要是由于牧场所在地的耕地流转交易条件因素的影响，牧场所在地的有利的耕地供给条件、人力资本条件以及牧场与村级的地理位置条件正向促进牧场采纳内部循环种养结合模式的形成。因此，奶牛业内部循环种养结合模式的形成是牧场内在利润驱动、政策保障驱动和耕地流转条件驱动共同作用的结果，奶牛业内部循环种养结合模式的形成机理如图4-2所示。

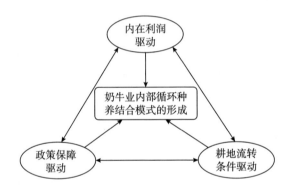

图4-2　奶牛业内部循环种养结合模式的形成机理

4.4　外部循环种养结合模式的形成机理分析

4.4.1　扎根分析过程

本部分的扎根过程与4.3.1内部循环种养结合模式的扎根过程一样，

借鉴刘海兵等（2023）的扎根理论资料编码的做法，采用三级编码程序，保障数据分析过程的严谨性。具体扎根过程与 4.3.1 内部循环种养结合模式的扎根过程保持一致，在这里不进行详细介绍。本书研究的奶牛业外部循环种养结合模式是"农户种植+牧场养殖"的多主体参与的种养结合模式，包括"农户+牧场"直接对接的种养结合模式，也包括"农户+中介组织+牧场"的种养结合模式，为更好地揭示奶牛业不同类型外部循环种养结合模式的形成机理，本书选择"SM 牧业第 8 牧场+HZ 种植合作社+农户"和"YZY 奶牛养殖农民专业合作社+农户"的两种奶牛业外部循环种养结合模式的案例进行分析。数据来源于 SM 牧业第 8 牧场和 YZY 奶牛养殖农民专业合作社两个奶牛养殖牧场，一个种植合作社（HZ 种植合作社）和 30 名农户的访谈数据。具体的扎根过程如下：

4.4.1.1　开放性编码过程

首先，将课题组 4 名博士研究生分成 2 个小组，分组反复研读调研资料，将重复数据进行合并或归一化处理，并整理影响牧场和农户参与奶牛业外部循环种养结合模式决策的关键因素的相关资料，对其进行开放式编码和加贴标签。其次，2 个小组就开放式编码情况进行充分讨论，并与理论反复对话，提炼出 43 个初始概念。最后，在查阅相关文献和理论资料的基础上课题组 4 名博士研究生充分讨论并梳理初始概念之间的关系，并将每一组的初始概念进行归类，得到 32 个范畴。具体如表 4-7 所示。

表 4-7　外部循环种养结合模式案例的访谈情况

范畴	初始概念	原始语句
污水排放 压力大	排污标准提高	近年来国家对养殖粪污环境污染问题的关注越来越高，排放标准也很高，牧场粪污排放的压力很大
	污水排放压力大	环保要求牧场粪污要干湿分离，干粪我们制作卧床垫料循环利用，就是氧化塘的污水排放是个很大的难题
	种养季节性矛盾严峻	牧场的污水与化肥不一样，肥力很大，农作物生长的时候排放容易烧苗，只有秋季、春季两个季节才能还至农户田，如果牧场自己有耕地，可以采用休耕的方式保障粪肥有地可排

范畴	初始概念	原始语句
环保监督力度大	环保局检查多	牧场氧化塘的污水环保要求，储存 6 个月可以排放，但是由于水的颜色黑，即便储存 6 个月后排放，但是只要有人举报，环保局肯定过来检查
	环保监控严厉	达到排放标准的液肥进行排放时必须用污水专门的运输车拉走，不能用管道排放，保证环保局对液肥排放的全过程进行严格监控
养殖规模	养殖规模大	牧场有 3600 多头奶牛，年青贮玉米使用量非常大，必须有指定的供应商，且要求供应商必须相应规模的耕地，要不不签合同，签合同前 GPS 定位土地
	养殖规模小	我们牧场只有 800 多头牛，青贮玉米使用量不是很大，直接从附近 20 户农户收购基本就够了
质量不可控	农户种植玉米品种参差不齐	与农户合作质量不好控制，我们推荐的玉米品种，农户不一定种，农户种植玉米的品种参差不齐
供给量无保障	农户不愿意签合同	近几年玉米价格上涨，年初农户根本不跟牧场签合同，这样供给量无保障
农户人数多	农户人数	以我们牧场的规模，差不多跟 100 多户农户收购青贮玉米才能满足需求量啊，这么多农户去哪里找？没有这个精力啊
固体粪供不应求	固体粪不多	牧场的固体都用做卧床垫料了，没有那么多，关系好才能拿到，没关系还拿不到呢
信息获取难度大	无法获取信息	我们在牧场没有认识人，不可能知道牧场收购青贮玉米的信息
购销业务协调难度大	购销业务不好协调	卖青贮玉米的时候，农户今天卖了，明天不卖了的，不好协调
货物定价难	差异化定价很难	农户青贮玉米质量不一，但与农户沟通并差异化定价很难
货款结算时间的协调难	货款结算有分歧	牧场一般规定统一的付款时间，但农户不认啊，必须要求一手交钱，一手交货
设备约束	无专用设备	牧场自己没有收割机、运输车辆以及装载机等青贮玉米收储设备
时间约束	青贮玉米收储时间约束较大	一个青贮窖必须 3 天内装满，并压窖封窖，如果 3 天内不能封窖就会影响已经入窖青贮的品质和质量
地理位置约束	距离远，运输困难	我们家耕地离牧场有 20 多公里，自己销售给牧场的话运输成本还挺高

续表

范畴	初始概念	原始语句
劳动力约束	人员不够	收储青贮玉米的时间也就20天左右，需要大量的劳动力，且白天黑夜都干活儿，工作强度大，牧场人员不够，雇佣也很费劲
合作社激励政策	合作社发展政策	我们当初成立合作社是因为当时国家政策鼓励合作社的发展
青贮补贴政策	青贮玉米补贴	种植青贮玉米是因为有青贮补贴啊
粪肥还田政策	没有粪肥还田补贴	牧场离我家还有点距离，用牧场的粪肥的话运输成本，劳动力成本加起来还不如用化肥，如果把这部分额外成本给补了，可能人们就愿意用了
种植培训政策	青贮玉米种植培训	村里组织青贮玉米的种植培训，我们都参加过，青贮玉米种植技术还是好掌握的
模范带动政策	污水还田实验	我们牧场附近以前是荒地，盐碱地，每年我们把牧场的污水排放这个荒地，然后深翻，就想做个实验，结果这边的荒地现在都能种玉米了，耕地质量改善了
	试验田制度	我们合作社有个试验田，每年做一些良种，追肥方式，粪肥还田等实验，给老百姓一个直观的认知
污水还田技术培训	污水还田技术薄弱	牧场的污水主要是冲刷奶厅的水，里面有很多的消毒水，直接排放到耕地里会烧苗，需要稀释，但目前没有如何稀释以及稀释标准的培训，所以农民不敢用
青贮玉米经济效益	卖青贮玉米不划算	近年来籽粒玉米的价格持续上涨，卖青贮玉米其实是不划算的
	卖青贮节约成本	卖青贮玉米有个好处是收青贮的人承担收购的费，一亩地能节约60~80元的收购费呢
	卖青贮可以有时间打工挣钱	青贮玉米的话大约9月中旬就卖了，还能有几个月时间可以打工，再挣一部分钱呢
粪污还田经济效益	提高产量	说实话牧场的固体粪是个好东西，能够改良土地，提高玉米产量，当年就有效，且这个效果能持续三年
	降低产量	但是牧场的液粪肥力很大，有时候还烧苗呢，只要烧苗不仅产量不增还下降呢
	提高成本	我们家里没有四轮车，投入粪肥还得雇人运输、撒粪等，其实花的钱比用化肥贵多了
	节约化肥成本	我家耕地就在牧场附近，浇水的时候将牧场的液肥一比一的比例混进去浇地，就不用再施用化肥了，能节约施化肥的成本

续表

范畴	初始概念	原始语句
青贮玉米种植的技术风险	青贮玉米种植技术好掌握	我们这边种植的青贮玉米是粮草兼用的玉米品种，所以种植技术无差异，好掌握
固体粪还田的技术风险	固体粪还田技术不难	固体粪肥的我们以前也还田呢，固体粪还田技术没什么技术难度，农户都会
液肥还田的技术风险	液肥稀释技术不懂	牧场的液体粪肥肥力太大，也有消毒水，而且在耕地上面形成一层保护膜，阻断耕地的呼吸系统，据说稀释后可以浇地，效果也很好，但具体如何稀释，稀释多少都不太懂
青贮玉米供不应求	青贮玉米需求量大	我们这个地方牧场密集，青贮玉米的需求量很大，不愁卖
青贮玉米销售风险	青贮玉米不好卖	我们村里没有牧场，我也不认识牧场负责人，种植青贮玉米，不好卖啊
固体肥供给不足	固体肥买不到	牧场的固体粪是个好东西，但牧场都拿去加工卧床垫料了，牧场没有认识人还买不到呢
合作社控制质量	合作社能保证质量	2014~2017年我们直接从农户购买青贮玉米来的，质量参差不齐，后来慢慢固定从两个合作社购买，能保证质量
合作社提供服务	合作社提供收购服务	我们合作社与SM牧业第8牧场有购销合同，但合作社自己种的青贮玉米的量不够，还得从附近农户手里收购，我们价格比其他草贩子要高一些，我们也就挣个服务费，农户也不用找牧场比较省事
	合作社提供粪肥运输服务	合作社还为牧场清理运动场的粪肥的业务，清理回来的粪肥除了往合作社地里倒以外剩余直接拉到有需要的农户地里，我们只收运输的成本费
		2021年以前，春秋两个季节合作社从牧场拉回液肥，谁需要就谁的耕地里倒进去，就收点运输费，很方便，要不我们都联系不上牧场
居民身份	本村人	我们牧场规模不大，青贮玉米的需求量和粪肥产量不大，而且我是本村的人，村民还是比较信任我的，找10~15户农户合作还是比较容易的
		他就是我们村里的人，每年春秋我们需要粪肥直接跟他联系，去拉就可以啦

4.4.1.2 主轴性编码过程

主轴性编码的主要任务是发现和建构各个范畴之间的关联，以充分反映出原始材料中各个部分之间的有机联系。在主轴性编码阶段，本章遵循

"外部推力—内在驱动—外部阻力—行为"的逻辑关系,在开放性编码阶段得到的 32 个范畴的基础上,获得环境规制政策、补贴政策、培训政策、经济效益感知、技术风险感知、市场风险感知、合作社作用、村民身份、搜寻成本、谈判成本和执行成本 11 个因素。

4.4.1.3　选择性编码过程

选择性编码的核心任务是在整合已获取的概念、范畴基础上发展出一个更具统领性的"核心范畴",发掘范畴间内在潜在逻辑联系,进而构建能够解释广泛现实案例的一般性理论模型或框架。因此,本章在上述 11 个主范畴的基础上进一步提炼得到政府政策激励、农户内在感知、交易成本、社会化服务组织和社会化特征 5 个核心范畴。

选择性编码、主轴性编码、开放性编码形成的编码结果如表 4-8 所示。

表 4-8　外部循环种养结合模式形成的三级编码结果

选择性编码	主轴性编码	开放性编码
政府政策激励	环境规制政策	污水排放压力大
		环保监督力度大
	补贴政策	合作社激励政策
		青贮补贴政策
		粪肥还田补贴政策
	培训政策	模范带动政策
		组织培训和引导
		污水还田技术培训
农户内在感知	经济效益感知	青贮玉米经济效益
		粪污还田的经济效益
	技术风险感知	青贮玉米种植的技术风险
		固肥还田的技术风险
		液肥还田的技术风险
	市场风险感知	青贮玉米供不应求
		青贮玉米市场风险
		固体肥供给不足

续表

选择性编码	主轴性编码	开放性编码
社会化服务组织	合作社作用	合作社能控制质量
		合作社提供服务
社会化特征	村民身份	居民身份
交易成本	搜寻成本	农户质量不可控
		农户供给量无保障
		农户人数多
		固体粪供不应求
		信息获取难度大
	谈判成本	购销业务协调难度大
		货物定价难度大
		货款结算时间的协调难度大
	执行成本	机器设备约束
		时间约束
		地理位置约束
		劳动力约束

注：根据表4-7归纳总结。

4.4.2 外部循环种养结合模式形成的关键因素

根据4.4.1的扎根过程提炼出影响奶牛业外部循环种养结合模式形成的5个关键因素，分别为政府政策激励、交易成本、农户内在感知、社会化服务组织和社会化特征。并且根据不同因素对奶牛外部循环种养结合模式形成的作用将其分为拉力因素、推力因素、阻力因素和调节因素四类。

4.4.2.1 拉力因素

根据4.2.1的扎根分析的结果可知，内在感知是奶牛业外部循环种养结合模式形成的第一个关键影响因素。奶牛业外部循环种养结合模式形成过程中参与的主要主体是牧场和农户，牧场参与外部循环种养结合模式的主要表现是从农户购买青贮玉米并将养殖粪污作为种植肥料提供给农户的循环经营模式。依据课题组成员实地调研获取的资料，无论牧场参与还是未参与奶牛业外部循环种养结合模式，牧场所需的青贮玉米基本来自农户种植且收购价格基本无差异，而养殖粪污是否提供给农户还田是参与和未参与外部循环种养结合模式的牧场最大的区别。对于牧场而言，粪污还田的直接经济效益微乎其微，因此，参与外部循环种养结合模式的经济效益感知、技术风险感知和市场风险感知对牧场行为决策的影响较小，而对农户行为决策的影响较大。根据农户行为理论，农户在未采取某种行为之前做决策时，往往依据基于外部信息形成的内在感知做出行为决策，而且经济效益最大化、风险最小化和家庭劳动力投入最小化为目标的效用最大化是农户行为决策的基础。因此，农户对参与外部循环种养结合模式的经济效益感知、技术风险感知和市场风险感知是农户参与决策的内在驱动因素，是向前拉动奶牛业外部循环种养结合模式形成的关键因素。

4.4.2.2　推力因素

根据 4.2.1 的扎根分析的结果可知，环境规制政策、培训政策和补贴政策等政府政策激励是奶牛业外部循环种养结合模式形成的第二个关键影响因素。课题组成员通过对牧场的实地调研可知，SM 牧业第 8 牧场负责人和 YZY 奶牛养殖农民专业合作社负责人一致认为政府环境规制政策的趋紧以及粪污无害化处理设施设备购置的补贴政策出台是推动牧场主动寻找养殖粪污还田主体的最主要的影响因素，课题组对 HZ 种植合作社进行调研时得到相同的结论。HZ 种植合作社的负责人表示：

2014 年 SM 牧场第 8 牧场成立以来，我们合作社就跟该牧场开始合作了，2017 年之前我们从牧场获取粪肥还得花钱购买，但是随着养殖业环境规制政策的趋紧，2017~2020 年牧场处理粪污的时候不仅不要钱，而且跟我们签订协议牧场从我们合作社购买一吨青贮玉米，我们必须给牧场消纳 7 吨液肥，2020 年之后牧场处理粪污不仅不要钱还花钱让我们合作社给他处理粪污呢。

因此，政府政策的激励是推动牧场参与奶牛业外部循环种养结合模式的根本因素，也是奶牛业外部循环种养结合模式形成的主要的外部推力因素。

4.4.2.3 阻力因素

根据 4.2.1 的扎根分析的结果可知，搜寻成本、谈判成本和执行成本等交易成本是奶牛业外部循环种养结合模式形成的第三个关键影响因素。牧场和农户经营规模的严重不匹配，牧场青贮玉米收储时间、地理位置和当地气候条件的紧约束、养殖业粪污排泄和种植业粪肥还田的季节性矛盾和地理位置的约束以及牧场负责人社会化特征的缺失导致牧场和农户交易青贮玉米和粪肥过程中存在高昂的交易成本。根据交易成本理论，当某种交易的成本足够高时，该交易可能无法实现。因此，牧场与农户之间高昂的交易成本是奶牛业外部循环种养结合模式形成的主要阻力因素。

4.4.2.4 调节因素

根据 4.2.1 的扎根分析的结果可知，合作社的存在以及牧场负责人的社会化身份特征是奶牛业外部循环种养结合模式形成的第四个关键影响因素。根据交易成本理论，当牧场规模较大而农户经营规模相对较小时，牧场和农户之间存在高昂的交易成本，第三方组织的存在是为了实现交易而节约交易成本的产物。因此，农民专业合作社是为了节约牧场和农户之间的信息搜寻成本、谈判成本和执行成本等交易成本，有效衔接牧场和农户，保障青贮玉米和粪污购销交易的顺利完成。在牧场和农户衔接过程中合作社的主要作用是为牧场和农户提供信息搜寻、收割运输、入窖压窖、技术培训、农资供给等社会化服务，服务质量直接影响奶牛业种养结合模式的形成效果。因此，农民专业合作社的作用调节牧场与农户间的交易成本，促进奶牛业外部循环种养结合模式的形成。当牧场规模相对较小时，牧场和农户的经营规模差异相对较小，牧场和农户经营规模不匹配导致的交易成本也相对较小，但在血亲关系为基础的农户差序格局的社会环境下，负责人无居民身份时牧场和农户之间由于缺乏信任导致仍然存在较高的交易成本。只有牧场负责人的居民身份为主的社会化特征才能缓解信任困境，节约交易成本，提高牧场与农户的直接衔接效果。因此，牧场规模不大时，牧场负责人的社会化特征调节牧场与农户间的交易成本，促进奶牛业外部循环种养结合模式的形成。

4.4.3 外部循环种养结合模式的形成机理

奶牛业外部循环种养结合模式的形成是上述拉力、推力、阻力和调节因素共同作用的结果。政府环境规制政策是奶业向外部循环种养结合模式形成的关键外部推力因素。农户对种养结合模式的内在感知是农户参与外部循环种养结合模式的内在驱动因素，也是拉力因素。外在推力因素和内在拉力因素正向推动奶牛业外部循环种养结合模式的形成，然而牧场与农户之间的交易成本是奶牛业外部循环种养结合模式形成的最大的阻力，奶牛业外部循环种养结合模式能否形成主要看正向推力和拉力的作用是否大于反向阻力的作用，反向阻力作用越弱，外部循环种养结合模式越容易形成。合作社的存在或牧场负责人的社会化特征具有降低外部阻力的调节作用，调节作用越强，交易成本越低，奶牛业外部循环种养结合模式越容易形成。因此，奶牛业外部循环种养结合模式的形成是内在拉力、外在推力、外在阻力和调节力共同作用的结果，奶牛业外部循环种养结合模式的形成机理如图 4-3 所示。

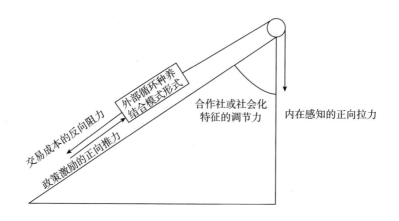

图 4-3 奶牛业外部循环种养结合模式的形成机理

4.5　本章小结

本章采用多案例的扎根理论分析方法提炼奶牛业内部和外部循环种养结合模式形成的关键影响因素，并分析形成机理，为本书第 5 章和第 6 章的研究提供理论基础。本章的主要研究结论如下：

第一，本章采用已经实现内部循环种养结合模式的 5 个牧场进行实地调研获取一手资料，采用扎根理论的三级编码方式提炼养殖利润、养殖效率、环境规制和耕地流转交易成本 4 个关键因素，并且基于成本收益理论、外部性理论和交易成本理论分析上述关键因素之间的关系，发现奶牛业内部循环种养结合模式的形成是内部驱动、政策保障驱动和外部条件驱动共同作用的结果。

第二，本章研究奶牛业外部循环种养结合模式的形成机理时，选择"牧场+合作社+农户"形式和"牧场+农户"形式参与外部循环种养结合模式的两个牧场，进行实地调研获取一手资料。同样采用扎根理论的三级编码方式提炼政府政策激励、内在感知、社会化服务组织、社会化特征和交易成本 5 个关键因素，并借鉴力学思想将其分为拉力、推力、阻力和调节力 4 种因素。奶牛业外部循环种养结合模式的形成就是上述拉力因素、推力因素、阻力因素和调节力因素共同作用的结果。

本章采用扎根理论的方式剖析奶牛业内部、外部循环种养结合模式的形成机理，为第 5 章内部循环种养结合模式形成的实证检验和第 6 章外部循环种养结合模式形成的案例及实证检验提供理论基础。

第5章 奶牛业内部循环种养结合模式形成的实证检验

第4章主要采用多案例的扎根理论方法分析奶牛业内部和外部循环种养结合模式的形成机理。奶牛业内部循环种养结合模式是随着奶牛养殖牧场参与内部循环种养结合模式的行为而逐步形成的。本章基于第4章内部循环种养结合模式形成机理的分析，从养殖利润和效率的内在驱动，环境规制政策的保障驱动和耕地流转交易条件驱动因素对牧场参与内部循环种养结合模式行为的影响视角实证检验奶牛业内部循环种养结合模式形成。主要从以下几个方面展开讨论：第一类是牧场自身的养殖利润和效率。根据"成本—收益"理论，经济效益是牧场是否选择种养结合模式的内在驱动力，而牧场自身的生产能力和交易能力是影响经济效益的关键因素，牧场综合技术效率能很好地反映牧场的生产能力（养殖能力），而养殖利润不仅能反映牧场生产能力，更能反映牧场在市场上的交易能力。因此，本章选择牧场养殖利润和效率作为牧场参与内部种养结合模式的内在驱动因素。第二类是外部环境规制政策因素。专业化养殖模式和种养结合养殖模式最大的区别在于奶牛养殖粪污是否有效还田利用，从而保障粪污环境污染的减少、牧场所需饲草种植的有机化，从而实现奶牛业最终产品——牛奶的质量提高。然而，现有的市场机制对采用有机粪肥种植的饲草料以及有机饲草料喂养生产的牛奶的定价与非有机生产产品的价格没有明显差异，奶牛粪污的还田存在外部性。根据外部性理论，政府有关部门制定相应的政策将企业外部的成本、收益内部化是解决外部性的有效途径。因此，外部的环境规制政策是影响牧场参与种养结合模式选择的关键政策保障因素。第三类是外部的交易环境因素。耕地经营权的获取是奶牛业内部循环种养结合模式形成的关键，然而中国耕地资源的按户平均分包制度决定了耕地流转市场存在高昂的交易成本。根据交易成本理论，资产专用性是市场交易的最主要的特征，也是衡量交易成本高低的关键指标。本章选择人力资产专用性、地理位置专用性和物质资产专用性作为耕地流转市场交易成本，实证分析交易成本对牧场参与内部循环种养结合模式行为的影响。第四类是牧场和牧场负责人的特征因素。牧场负责人是牧场生产经营的决策者，其个人特征同样影响牧场选择种养结合模式的决策行为，本章从牧场层面选取养殖规模、经营年限，牧场负责人层面选取年龄、受教育程度和参加饲草种植培训情况等变量综合分析牧场参与种养结合模式的行为。

　　本章结构安排如下：第一部分是理论分析与研究假说，第二部分是模型设定与变量选择，第三部分是实证结果分析，第四部分是本章小结。

5.1　理论分析与研究假说

5.1.1　养殖利润和效率对内部循环种养结合模式形成的影响

　　资本导向的专业化养殖模式和资源导向的种养结合模式是奶牛业发展的两种典型生产模式（道日娜等，2021）。相比专业化养殖模式，种养结合模式将奶牛养殖与上游的饲草种植环节一体化，将饲草料购买的市场交易成本内部化，从而节约养殖环节的饲草投入成本，同时将奶牛养殖粪污有效还田降低环境污染的"低成本、低污染、高收益"的可持续养殖模式。近年来，奶牛业正从专业化养殖模式向种养结合模式转型，而牧场是奶牛养殖模式转型的基本决策单位，奶牛业内部循环种养结合模式的形成本质上是奶牛养殖牧场参与内部循环种养结合模式的行为。依据第 4 章奶牛业种养结合模式形成机理的分析，经济效益是牧场参与种养结合决策的内在驱动因素。侯国庆等（2022）也发现，单头奶牛的利润（单产利润）是牧场生产行为调整最直接关注的指标，提高单产利润是牧场采纳种养结合模式的内在动力。当专业化养殖的单产利润相对较高时，牧场一般不会轻易选择从专业化养殖模式向种养结合模式转型，而只有专业化养殖的单产利润相对较低时才会有动力向种养结合模式转型。

单产利润是牧场盈利能力的综合评价（侯国庆等，2022），是牧场生产管理能力（养殖能力）和市场的交易能力的集中体现。根据利润函数，单产利润 π_i 等于单头奶牛收入（$R_i = P_i \times Q_i$）减去单头奶牛成本 $\Big(C_i = \sum_{\tau=1}^{n} W_{i\tau} \times FI_{i\tau} \Big)$ 之后的余额，其中单头奶牛收入 R_i 是牧场最终产品产量 Q_i 和价格 P_i 的函数，单头奶牛成本也是养殖环节各种要素投入量 FI_i（养殖固定资本 $Capital_i$、养殖劳动力 $Labor_i$、精饲料 JS_i、粗饲料 CS_i）和要素价格 W_i 的函数。故牧场单产利润受到产品产量 Q_i、要素投入量 FI_i、产品价格 P_i 和要素价格 W_i 的影响。其中产品产量 Q_i 和要素投入量 FI_i 属于牧场养殖环节指标，受牧场养殖能力的影响。养殖能力较高的牧场在要素投入量 FI_i 既定的情况下生产的产品产量 Q_i 相对较多，即牧场养殖效率较高，因此养殖效率在一定程度上代表着牧场的养殖能力。而产品价格 P_i 和要素价格 W_i 属于牧场市场交易环节的指标，与牧场交易能力有关。交易能力较低的牧场，产品和要素交易过程中获得相对较低的产品价格 P_i 和相对较高的要素价格 W_i，从而降低牧场单产利润。然而牧场交易能力变量观测难度较大，但对于专业化养殖牧场而言，控制养殖能力时，单产利润水平能够很好地捕捉牧场交易能力信息。当牧场交易能力既定时，养殖效率是提高单产利润的主要动力，当牧场养殖效率较低时，养殖效率的提升对单产利润的边际贡献率较高，牧场优先选择提高养殖效率来提高单产利润，此时牧场采纳种养结合模式的概率较低。但随着牧场养殖效率的提高，养殖效率的提升对单产利润的边际贡献率逐渐下降，此时牧场可能选择采纳种养结合模式来提高单产利润。因此，随着养殖效率的提高，牧场采纳种养结合模式的概率也会提高。但值得注意的是，牧场养殖效率的提升往往伴随规模的扩大，当养殖效率提高到相对较高水平时，牧场单产利润和养殖规模提高到相对较高的水平。此时牧场若采纳种养结合模式，牧场经营规模成倍扩大，导致内部经营管理成本迅速上升，可能吞噬种养结合模式带来的成本优势，同时牧场经营规模的扩大可能导致牧场偏离最优规模，养殖效率随之下降，从而降低牧场单产利润。基于以上分析，本章提出如下研究假说：

H5-1a：牧场养殖利润较低时参与种养结合模式行为的概率较高。

H5-1b：随着养殖效率的提高，牧场参与种养结合模式行为的概率先上升后下降，呈倒"U"型关系。

5.1.2 环境规制和交易成本对内部循环种养结合模式形成的影响

从制度经济学理论分析，牧场生产模式的转型是牧场系统性、长期性的经济活动，是在一定政策和市场环境约束下所采取的理性行为，故受到外部环境因素的影响（王建华等，2022），其中环境规制政策和市场交易环境因素是最重要的两个外部环境因素。

5.1.2.1 环境规制政策与牧场参与内部循环种养结合模式行为

养殖场粪污资源化利用是种养结合模式的本质特征，也是最为经济可行的粪污资源化利用模式。随着奶牛业规模化养殖的发展，粪污环境污染问题日益严峻。而环境资源是具有非排他性但有竞争性的公共物品（王建华等，2022），牧场废弃物环境污染和治理具有很强的外部性特征。根据外部性理论，当个体生产经营活动中存在外部性，决策者个体收益和社会收益以及个体成本和社会成本出现失衡，导致市场机制失灵，无法实现资源配置的帕累托最优。而政府的介入，制定相应的环境规制政策将环境资源的外部成本、收益内部化，使决策者个体成本、收益与社会成本、收益趋于平衡是解决牧场环境污染问题的有效途径。

那么，政府的环境规制政策能否推进牧场从专业化养殖向种养结合养殖模式转型呢？政府的环境规制通过"创新补贴效应"和"遵循成本效应"对牧场生产行为决策产生影响（仇荣山等，2022）。"创新补贴效应"认为政府出台一系列的环境规制工具，如畜禽粪便还田技术规范、畜禽养殖污染物排放标准、畜禽规模养殖污染防治条例、畜禽养殖场粪污处理设施设备补贴、养殖场标准化建设补贴和畜禽污染监管通知等，对养殖业粪污污染行为进行严格治理。促使养殖业进行良种、粪污处理设施设备改造升级，推动养殖场从专业化养殖向生态化种养结合模式转型，实现种植业和养殖业物质和能量循环，降低养殖成本，提升养殖效率，从而抵消环境规制成本。"遵循成本效应"认为环境规制的实施增加养殖场环境成本，挤占其他生产要素的投入，降低生产效率，抑制养殖场创新投入，从而抑制养殖场向种养结合模式转型。在"创新补贴效应"和"遵循成本效应"的共同作用下，环境规制对养殖场养殖模式转型并非线性关系，而是存在"U"型关系（仇荣山等，2022）。这表明在环境规制强度较低时"遵循成本效应"发挥主要作用，抑制养殖场养殖模式转型；而环境规制强度较高时"创新补贴效应"发挥主要作用，进而促进养殖场养殖模式转型。从粪污环境污染程度和监督成本角度分析，规模化养殖场是政府环境规制的重点关注主体，故国家对规模化养殖场的环境规制强度较高。中国奶牛业在集约化发展的产业政策推动下规模化程度不断提高，2020年我国规模化养殖场的比例达67.2%。因此，中国奶牛业环境规制强度较高，环境规制强度可能在"U"型关系的右侧，对牧场种养结合模式采纳行为具有促进作用。基于以上分析，本章提出如下研究假说：

H5-2：政府环境规制政策对牧场种养结合模式参与行为具有正向促进作用。

5.1.2.2　交易成本与牧场参与内部循环种养结合模式行为

牧场实现内部循环种养结合模式转型关键是土地（刘玉满，2018）。然而，随着奶牛业规模化发展，牧场没有相应的耕地资源，牧场所需耕地依赖当地耕地流转市场。中国耕地资源的按户平均分包制度和耕地资源的人格化特征决定了农地流转市场并非是单纯的要素流动市场，隐含着高昂的交易成本（张苇锟等，2020），且存在非对称性，转入方的交易成本显著高于转出方（郜亮亮，2020）。根据交易成本理论，耕地流转的交易成本包括收集信息成本、耕地集中成本、签约合同成本和执行合同成本等（蒋永甫和张小英，2016）。然而，交易成本是个隐性成本，隐含在交易活动中，最终体现在商品的交易价格中。图 5-1 和图 5-2 描绘了土地流转的交易成本对牧场转入土地价格及规模的影响机理。牧场是"理性经济人"，追求经济效益最大化是牧场决策的重要依据。图 5-1 是没有交易成本的情形，其中 MR 是牧场经营耕地的边际效益，P 是土地流转市场均衡价格，Q 是牧场实施种养结合模式所需的耕地面积。当 $Q<Q_0$ 时，牧场流转耕地实施种养结合模式的边际效益 MR<P，牧场流转土地实施种养结合模式的不经济，此时除非牧场拥有自有耕地，否则不会采纳种养结合模式。当 $Q_0<Q<Q_1$ 时，牧场流转耕地实施种养结合模式的边际效益 MR>P，牧场实施种养结合模式是比较经济的，牧场采纳种养结合模式的概率较高。当 $Q>Q_1$ 时，牧场流转耕地实施种养结合模式的边际效益 MR<P，牧场流转土地实施种养结合模式的不经济，此时牧场不会采纳种养结合模式。

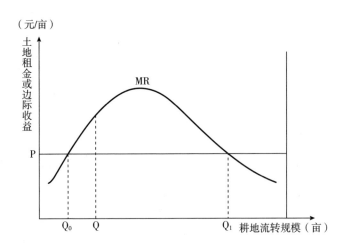

图 5-1　无交易成本情况下牧场流转耕地

图 5-2 是土地流转市场存在交易成本的情形。MR 和 P 的含义与图 5-1 一致，牧场面临的流转土地的交易成本为 TC，牧场流转土地实际支付的价格为 P+TC，只有 MR>P+TC 时牧场才会选择采纳种养结合模式。当交易成本为 TC_1 时，$P+TC_1$ 曲线和 MR 曲线相较于 D_2 点，此时的土地经营规模为 Q_2 小于无交易成本时土地经营规模 Q_1；当交易成本提高到 TC_2 时，$P+TC_2$ 曲线与 MR 曲线相较于 D_3 点，能实现种养结合的养殖规模进一步缩小，当交易成本足够高时，交易可能无法实现，牧场不会选择采纳种养结合模式（周雪光，2019）。因此，牧场所在地区土地流转市场的交易成本是影响牧场采纳种养结合模式的重要因素。基于上述分析，本章提出如下研究假说：

H5-3：土地流转市场交易成本越低，牧场参与内部循环种养结合模式的概率越高。

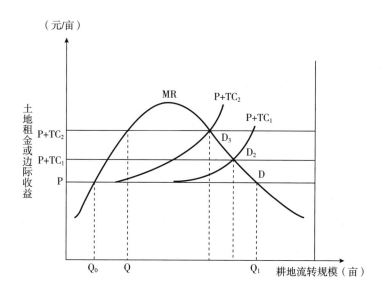

图 5-2 有交易成本情况下牧场流转耕地

5.1.3 环境规制和交易成本因素的调节效应

分析牧场采纳内部循环种养结合模式行为时，除了单独分析养殖利润、养殖效率、环境规制和土地流转市场交易成本等变量对牧场采纳内部循环种养结合模式行为的直接影响效应外，还需要考察环境规制和土地流转市场的交易成本与养殖利润和效率之间的交互效应。根据行为经济学理论，牧场采纳内部循环种养结合模式行为是牧场内部、外部激励因素和约束条件共同作用的结果。因此，牧场养殖利润和效率与内部循环种养结合模式采纳行为之间的关系受到牧场所处环境规制和土地流转市场交易成本的调节。基于上述分析，本章提出如下研究假说：

H5-4：牧场养殖利润和效率与内部循环种养结合模式参与行为之间的关系受到牧场所处环境规制和土地流转市场交易成本等外部因素的调节。

奶牛业内部循环种养结合模式形成的理论分析框架如图5-3所示。

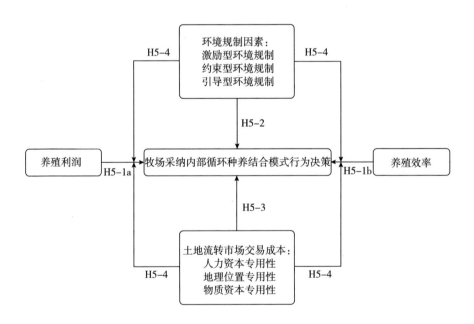

图5-3 奶牛业内部循环种养结合模式形成的理论分析框架

5.2 模型设定与变量选择

5.2.1 实证模型设定

5.2.1.1 牧场参与内部循环种养结合模式行为的实证模型

根据 5.1 的理论分析和研究假说，本章构建牧场参与内部循环种养结合模式的实证分析模型，共选取 4 类 12 个变量进行实证检验。考虑到因变量为二元离散变量，本章采用 Logit 模型，模型（5-1）的表达式如下：

$$\text{Ln}\left(\frac{P_i}{1-P_i}\right)=\beta_0+\beta_1\text{Profit}_i+\beta_2\text{Te}_i+\beta_3\text{Policy}_i+\beta_4\text{TC}_i+\beta_5\text{Control}_i+\varepsilon_i \quad (5-1)$$

其中，P_i 表示第 i 牧场采纳内部循环种养结合模式的概率，$1-P_i$ 表示第 i 牧场未采纳内部循环种养结合模式的概率；Profit_i 表示第 i 牧场上一年养殖利润，用单头奶牛平均利润表示；Te_i 表示牧场 i 上一年养殖效率，用 DEA 模型测算的综合技术效率表示；Policy_i 表示牧场 i 所处的政策环境变量；TC_i 表示牧场 i 所在镇耕地流转市场的交易环境变量；Control_i 表示牧场 i 的牧场层面、牧场负责人层面以及区域层面的控制变量。

为进一步研究某些自变量二次项对牧场采纳内部循环种养结合模式参与行为的影响，本章将养殖利润和养殖效率的二次项纳入实证模型，并得到模型（5-2）：

$$\text{n}\left(\frac{P_i}{1-P_i}\right)=\beta_0+\beta_1\text{Profit}_i+\beta_2\text{Te}_i+\beta_3\ \text{Te}_i^2+\beta_4\text{Policy}_i+\beta_5\text{TC}_i+\beta_6\text{Control}_i+\mu_i$$

$$(5-2)$$

其中，$\beta_0\sim\beta_6$ 表示待估计参数，μ_i 表示随机扰动项，其余变量与模型（5-1）基本一致。

5.2.1.2　交易环境和政策环境变量调节效应的实证模型

为更全面深入分析牧场内部循环种养结合模式形成机理，本章构建交易环境和政策环境变量的调节效应模型充分梳理变量之间的关系。首先，构建交易环境对养殖利润和效率的调节效应模型（5-3）和模型（5-4）：

$$\text{Ln}\left(\frac{P_i}{1-P_i}\right) = \beta_0 + \beta_1 \text{Profit}_i + \beta_2 \text{Profit}_i \times TC_i + \beta_3 Te_i + \beta_4 Te_i^2 + \beta_5 \text{Policy}_i + \beta_6$$

$$TC_i + \beta_7 \text{Control}_i + \tau_i \tag{5-3}$$

$$\text{Ln}\left(\frac{P_i}{1-P_i}\right) = \beta_0 + \beta_1 \text{Profit}_i + \beta_2 Te_i \times TC_i + \beta_3 Te_i^2 \times TC_i + \beta_4 Te_i + \beta_5 Te_i^2 +$$

$$\beta_6 \text{Policy}_i + \beta_7 TC_i + \beta_8 \text{Control}_i + \varphi_i \tag{5-4}$$

模型（5-3）中的 $\beta_0 \sim \beta_7$ 和模型（5-4）中的 $\beta_0 \sim \beta_8$ 表示待估计参数，τ_i 和 φ_i 表示随机扰动项，$\text{Profit}_i \times TC_i$、$Te_i \times TC_i$ 和 $Te_i^2 \times TC_i$ 表示养殖利润和养殖效率一次项、二次项与交易成本变量的交互项，是检验调节效应是否存在的主要检验变量。模型（5-3）中的 β_2 和模型（5-4）中的交互项系数 β_2 和 β_3 显著，表明交易成本对养殖利润和效率与牧场采纳种养结合模式的采纳行为关系中具有调节作用。

其次，构建环境规制政策变量对养殖利润和效率的调节效应模型（5-5）和模型（5-6）：

$$\text{Ln}\left(\frac{P_i}{1-P_i}\right) = \beta_0 + \beta_1 \text{Profit}_i + \beta_2 \text{Profit}_i \times \text{Policy}_i + \beta_3 Te_i + \beta_4 Te_i^2 + \beta_5 \text{Policy}_i +$$

$$\beta_6 TC_i + \beta_7 \text{Control}_i + \sigma_i \tag{5-5}$$

$$\text{Ln}\left(\frac{P_i}{1-P_i}\right) = \beta_0 + \beta_1 \text{Profit}_i + \beta_2 Te_i \times \text{Policy}_i + \beta_3 Te_i^2 \times \text{Policy}_i + \beta_4 Te_i +$$

$$\beta_5 Te_i^2 + \beta_6 \text{Policy}_i + \beta_7 TC_i + \beta_8 \text{Control}_i + \delta_i \tag{5-6}$$

模型（5-5）中的 $\beta_0 \sim \beta_7$ 和模型（5-6）中的 $\beta_0 \sim \beta_8$ 表示待估计参数，σ_i 和 δ_i 表示随机扰动项的 $\text{Profit}_i \times \text{Policy}_i$、$Te_i \times \text{Policy}_i$ 和 $Te_i^2 \times \text{Policy}_i$ 表示养殖利润和养殖效率一次项、二次项和环境规制变量的交互项，是检验调节效应是否存在的主要检验变量，模型（5-5）的 β_2 和模型（5-6）中的

交互项系数 β_2 和 β_3 显著，表明环境规制对养殖利润和效率与牧场采纳种养结合模式的采纳行为关系中具有调节作用。

5.2.2　变量选择及描述性统计分析

样本描述性统计分析结果如表 5-1 所示。

表 5-1　样本描述性统计分析

变量名称	含义及赋值	单位	均值	标准差	最小值	最大值
种养结合模式采纳行为	牧场是否采纳内部循环种养结合模式？	1=是，0=否	0.485	0.504	0.000	1.000
种养结合模式参与强度	自己种植饲草使用量/牧场饲草年总使用量	%	0.306	0.398	0.000	1.000
养殖利润	牧场上一年的单头奶牛净利润	万元	0.295	0.667	-1.791	1.729
养殖效率	牧场上一年的综合技术效率	DEA 模型测算值	0.702	0.224	0.169	1.000
引导型环境规制	政府的环境保护行为宣传效果很好	李克特量表	3.742	1.114	1.000	5.000
约束型环境规制	政府对环境污染行为监督很严厉	李克特量表	3.924	1.269	1.000	5.000
激励型环境规制	牧场获得政府补贴金额	万元	237.305	456.644	0.000	3000.000
饲草料种植培训	牧场是否有人参加饲草料种植培训？	1=是，0=否	0.652	0.480	0.000	1.000
人力资本专用性	牧场所在镇老龄化水平	%	0.220	0.116	0.000	0.475
地理位置专用性	牧场离最近村庄距离	公里	3.086	3.842	0.000	17.000
物质资本专用性	牧场所在镇户均耕地面积	亩/户	56.606	45.695	7.100	240.000
养殖规模	平均奶牛存栏头数	头	1589.083	2462.43	5.000	12825.000
牧场经营年限	连续变量	年	11.000	6.661	1.000	23.000
年龄	牧场负责人实际年龄	岁	47.682	9.589	27.000	68.000
受教育年限	牧场负责人实际教育年限	年	11.515	3.509	4.000	16.000

5.2.2.1　被解释变量

本章被解释变量是牧场内部循环种养结合模式参与行为。基于本书第

2 章的概念界定，内部循环种养结合模式是"牧场种植+牧场养殖"的饲草和养殖粪污在牧场单一主体内部循环的养殖模式。本章的因变量是虚拟变量，牧场参与内部循环种养结合模式取值为 1，反之为 0，样本牧场参与比例为 48.5%，参与强度为 30.6%。

5.2.2.2 核心解释变量

本章核心解释变量是养殖利润和养殖综合效率。养殖利润是牧场单头奶牛的纯利润；养殖综合效率是 DEA 模型测算的综合技术效率，测算养殖效率时的产出变量为单头产奶牛年产奶量，投入变量为单头奶牛粗饲料成本、单头奶牛精饲料使用量、单头奶牛劳动力投入量和单头奶牛固定资产投入成本。但由于养殖利润和养殖效率不仅是牧场采纳种养结合模式的核心影响因素，也是牧场采纳种养结合模式之后的经济效益的体现，可能存在互为因果的内生性问题。因此，本章采用上一年牧场养殖利润和养殖效率来避免内生性问题的影响。

5.2.2.3 调节变量

本章的调节变量是耕地流转市场的交易成本和环境规制变量。本章交易成本变量采用人力资产专用性、地理位置专用性和物质资产专用性衡量，其中人力资产专用性用牧场所在镇老龄化水平度量，地理位置专用性用牧场离最近村庄的距离度量，物质资产专用性用牧场所在镇户均耕地面积度量。环境规制变量分为激励型环境规制、约束型环境规制和引导型环境规制。其中激励型环境规制采用牧场获得的政府补贴金额度量，该政府补贴金额包括养殖场"标准化"建设补贴、"粪污处理设施设备"构建补贴和"饲草收储"补贴等；约束型环境规制和引导型环境规制变量分别采用"政府对环境污染行为监督很严厉？1＝非常不严厉、2＝比较不严厉、3＝一般、4＝比较严厉、5＝非常严厉"和"政府对环境保护行为的宣传效果很好？1＝非常不好、2＝不好、3＝一般、4＝比较好、5＝非常好"等问题度量。

5.2.2.4 控制变量

除了上述核心自变量和调节变量外，还包括牧场层面、牧场负责人层面的控制变量，其中，牧场层面的变量包括养殖规模和经营年限，牧场负责人层面的变量包括年龄、受教育年限以及参加饲草料种植培训情况等。

5.3　实证结果分析

5.3.1　基准回归结果

本章采用方差膨胀因子检验多重共线性问题，结果表明模型中各个变量的 VIF 值不超过 10，VIF 均值为 2.26，通过多重共线性检验。结果显示模型通过联合假设检验，一次项检验的 p 值为 0.022，二次项检验的 p 值 0.0098 表示模型设定合理。

表 5-2 是基准回归结果。基准回归结果显示，从列（1）检验结果来看，牧场的养殖利润对内部循环种养结合模式显著负向影响，而牧场养殖效率显著正向影响牧场参与内部循环种养结合模式概率，且分别通过 5% 和 10% 的显著性检验。为更全面了解养殖综合效率对牧场内部循环种养结合模式参与行为的影响，本章纳入养殖综合效率的二次变量进行实证分析。列（2）养殖综合效率二次项的回归结果显示，养殖综合效率一次项在 1% 的显著性水平下显著正向影响牧场参与内部循环种养结合模式概括，而二次项在 5% 的显著性水平下显著负向影响牧场参与内部循环种养结合模式概率，说明养殖综合效率对牧场内部循环种养结合模式参与行为的影响呈现倒 "U" 型关系，本章假说 H5-1 得到验证。且从边际效应（dy/dx）系数分析，牧场养殖利润降低 1000 元，牧场选择种养结合模式的概率提高 2.8%；当养殖综合效率较低时，养殖效率增加 0.01，牧场参与内部循环种养结合模式的概率增加 4.7%，但养殖综合效率较高时，养殖综合效率提高 0.01，牧场参与内部循环种养结合模式的概率减少 2.7%。

表5-2 牧场参与内部循环种养结合模式行为的基准回归结果

变量名称	Logit			Probit	
	（1）	（2）	dy/dx	（1）	（2）
养殖利润	-2.192** (0.927)	-2.868*** (0.998)	-0.280*** (0.086)	-1.266** (0.499)	-1.682*** (0.519)
养殖综合效率	7.660* (3.969)	47.998*** (18.562)	4.690** (1.662)	4.417** (2.032)	28.887*** (10.603)
养殖综合效率平方项	—	-28.013** (12.969)	-2.738** (1.191)	—	-16.915** (7.230)
激励型环境规制	0.002** (0.001)	0.002*** (0.001)	0.002*** (0.000)	0.001** (0.000)	0.001*** (0.000)
约束型环境规制	0.075 (0.540)	-0.043 (0.485)	-0.004 (0.047)	0.042 (0.282)	-0.043 (0.263)
引导型环境规制	0.873** (0.375)	1.173** (0.466)	0.115*** (0.043)	0.519** (0.226)	0.695*** (0.237)
人力资本专用性	12.087*** (4.580)	15.726*** (5.030)	1.537*** (0.459)	7.347*** (2.494)	9.514*** (2.660)
地理位置专用性	0.149 (0.121)	0.184 (0.122)	0.018 (0.011)	0.086 (0.065)	0.110 (0.069)
物质资本专用性	0.107** (0.045)	0.159*** (0.047)	0.016*** (0.004)	0.063** (0.024)	0.094*** (0.027)
养殖规模	-0.477* (0.285)	-0.468* (0.268)	-0.046* (0.027)	-0.276* (0.163)	-0.273* (0.152)
牧场经营年限	-0.002 (0.064)	-0.024 (0.076)	-0.002 (0.007)	0.000 (0.037)	-0.013 (0.042)
参加种植培训情况	2.478*** (0.959)	2.769*** (1.039)	0.271*** (0.086)	1.480*** (0.535)	1.655*** (0.578)
年龄	0.285*** (0.091)	0.353*** (0.088)	0.035*** (0.006)	0.168*** (0.045)	0.213*** (0.048)
受教育年限	0.251 (0.172)	0.286 (0.175)	0.028* (0.017)	0.146 (0.094)	0.172* (0.096)
常数项	-36.417*** (11.427)	-57.880*** (13.188)	—	-21.361*** (6.050)	-34.655*** (7.442)

续表

变量名称	Logit			Probit	
	（1）	（2）	dy/dx	（1）	（2）
旗县	控制	控制	控制	控制	控制
样本量	66	66	66	66	66

注：＊、＊＊和＊＊＊分别表示在10％、5％和1％的水平上通过显著性检验；括号中的数值为稳健标准误。

图 5-4 是养殖效率与牧场内部循环种养结合模式行为的边际效应的拟合图。由图 5-4 可知，牧场养殖综合效率小于 0.31 时种养结合模式参与概率几乎等于 0；养殖综合效率大于 0.31 时随着牧场养殖综合效率的提高，牧场参与内部循环种养结合模式的概率显著提高，养殖综合效率大约到 0.86 时牧场采纳内部循环种养结合模式的参与概率达到最高，约为 97％；但养殖综合效率超过 0.86 之后，牧场内部循环种养结合模式参与概率随之下降。

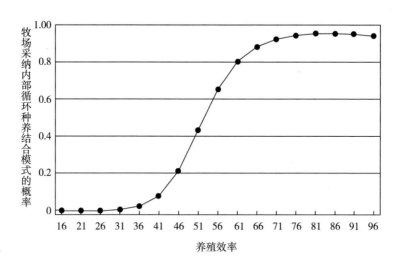

图 5-4　养殖效率与牧场参与种养结合模式行为的边际效应

从政策环境变量检验结果分析，激励型环境规制和引导型环境规制在

1%的显著性水平下正向影响牧场参与内部循环种养结合模式的概率，表明激励型环境规制政策和引导型环境规制对牧场参与内部循环种养结合行为具有促进作用。边际效应（dy/dx）系数分析，激励型环境规制增加1个单位牧场参与内部循环种养结合模式的概率增加0.2%；引导型环境规制增加1个单位牧场参与内部循环种养结合模式的概率增加11.5%。

从耕地流转交易环境变量的检验结果分析，人力资产专用性和物质资产专用性在1%的显著性水平下显著正向影响牧场参与内部循环种养结合模式的概率。这说明，牧场所在镇老龄化水平和户均耕地面积越高，牧场流转耕地环节的交易成本越低，牧场参与种养结合模式的概率越高。从人力资产专用性和物质资产专用性边际效应检验系数来看，牧场所在镇老龄化水平提高1%，牧场参与内部循环种养结合模式的比例提高1.54%；而户均耕地面积提高一亩，牧场参与内部循环种养结合模式的比例提高1.6%。

从牧场和牧场负责人特征变量的检验结果来看，牧场负责人的年龄和参加饲草料种植培训情况对牧场参与内部循环种养结合模式具有促进作用；牧场养殖规模对牧场参与内部循环种养结合模式显著负向影响，表明牧场规模越大，牧场参与内部循环种养结合模式的概率越低。其余变量未通过10%的显著性检验。

5.3.2　内生性和稳健性检验结果

根据表5-2基准回归结果可知，牧场参与内部循环种养结合模式受牧场养殖利润和效率的影响，然而牧场养殖模式的转变同样也会影响其养殖利润和效率。因此，基准回归模型可能存在互为因果导致的内生性问题，从而导致实证结果的有偏估计。为避免解释变量和被解释变量互为因果的内生性问题，在基准回归模型设定时已采用牧场上一期的养殖利润和效率，但仍然无法完全消除其内生性问题。故为了解决模型内生性问题，本章采用工具变量法对牧场参与种养结合模式的动因进行进一步分析。工具变量的选取必须满足相关性和外生性的条件，本章选择牧场所在旗县与样本牧场类似规模的其他牧场平均养殖利润和效率作为工具变量。由于存在信息交换与经验交流，同一地区其他牧场的养殖利润和效率会影响该牧场的养殖利润和效率，但很难影响该牧场参与种养结合模式的行为，能较好地满足工具变量的相关性和外生性的要求。表5-3中的列（1）和列（2）是工具变量相关性检验结果，在10%的显著性水平下，牧场所在旗平均养殖利润显著正向影响牧场养殖利润，而牧场所在旗平均养殖效率在1%的显著性水平下显著正向影响牧场养殖效率，说明牧场所在旗平均养殖利润和效率与牧场养殖利润和效率具有显著相关关系。表5-3中的列（3）是工具变量回归结果。从列（3）的检验结果来看，养殖利润和效率一次项分别在10%和1%的显著性水平下显著正向和负向影响牧场参与内部循环种养结合模式的概率，与基准回归结果保持一致。说明考虑内生性问题之后养殖利润和效率仍然显著影响牧场参与内部循环种养结合模式的概率。

表5-3　牧场参与内部循环种养结合模式行为的内生性检验结果

变量名称	（1）养殖利润	（2）养殖效率	（3）牧场采纳内部循环种养结合模式行为
牧场所在旗其他牧场的平均养殖利润	0.356* (0.209)	−0.029 (0.060)	−2.072* (1.107)
牧场所在旗其他牧场的平均养殖效率	0.685 (0.530)	0.455*** (0.152)	8.303*** (1.837)
激励型环境规制	0.000 (0.000)	0.000 (0.000)	0.001 (0.001)
约束型环境规制	−0.016 (0.080)	0.036 (0.023)	−0.119 (0.203)
引导型环境规制	−0.063 (0.079)	−0.047** (0.023)	0.503** (0.246)
人力资本专用性	0.129 (0.821)	0.089 (0.236)	2.416 (2.611)
地理位置专用性	0.009 (0.022)	0.002 (0.006)	0.049 (0.050)

续表

变量名称	（1）养殖利润	（2）养殖效率	（3）牧场采纳内部循环种养结合模式行为
物质资本专用性	0.000 （0.002）	−0.001 （0.001）	0.044** （0.021）
养殖规模	0.000 （0.000）	0.000 （0.000）	−0.000 （0.000）
牧场经营年限	0.009 （0.013）	−0.001 （0.004）	0.014 （0.030）
饲草料种植情况	0.266 （0.164）	0.051 （0.047）	0.679 （0.628）
年龄	−0.006 （0.009）	−0.006** （0.003）	0.119*** （0.044）
受教育年限	−0.033 （0.026）	−0.006 （0.007）	0.105 （0.084）
常数项	0.168 （0.886）	0.845*** （0.255）	−18.462*** （5.785）
旗县	控制	控制	控制
样本量	66	66	66

注：*、**和***分别表示在10%、5%和1%的水平上通过显著性检验；括号中的数值为稳健标准误。

为了检验基准回归和养殖利润与效率的二次项检验结果的稳健性，本章将被解释变量更换成牧场内部循环种养结合模式的采纳强度，将解释变量养殖综合效率更换成纯技术效率进行稳健性检验，结果如表5-4所示，其中列（1）和列（2）是将被解释变量更换成采纳强度的稳健性检验结果，列（3）和列（4）是将解释变量牧场综合效率更换成牧场纯技术效率的稳健性检验结果。从稳健性检验结果看，养殖利润、养殖综合效率的一次项和二次项、环境规制变量以及耕地租赁市场交易成本系数和显著性与基准回归结果基本一致，表明本章研究结论是稳健的。

表 5-4　牧场参与内部循环种养结合模式的稳健性检验结果

变量名称	采纳强度		采纳行为	
	（1）	（2）	（3）	（4）
养殖利润	-1.266**	-1.682***	-1.282	-1.918*
	(0.499)	(0.519)	(0.889)	(1.033)
养殖综合效率	4.417**	28.887***	—	—
	(2.032)	(10.603)		
养殖综合效率平方项	—	-16.915**		
		(7.230)		
纯技术效率	—	—	4.091	166.115***
			(3.630)	(53.189)
纯技术效率平方项	—	—	—	-98.876***
				(32.462)
激励型环境规制	0.001**	0.001***	0.001*	0.001**
	(0.000)	(0.000)	(0.001)	(0.001)
约束型环境规制	0.042	-0.043	0.190	-0.329
	(0.282)	(0.263)	(0.459)	(0.382)
引导型环境规制	0.519**	0.695***	0.754*	1.231**
	(0.226)	(0.237)	(0.391)	(0.619)
人力资本专用性	7.347***	9.514***	10.795**	13.520**
	(2.494)	(2.660)	(4.713)	(6.563)
地理位置专用性	0.086	0.110	0.144	0.206
	(0.065)	(0.069)	(0.109)	(0.127)
物质资本专用性	0.063**	0.094***	0.075**	0.140**
	(0.024)	(0.027)	(0.030)	(0.056)
养殖规模	-0.000*	-0.000*	-0.000	-0.000
	(0.000)	(0.000)	(0.000)	(0.000)
牧场经营年限	0.000	-0.013	0.013	0.031
	(0.037)	(0.042)	(0.068)	(0.068)
饲草料种植培训	1.480***	1.655***	2.806***	4.241***
	(0.535)	(0.578)	(1.040)	(1.446)
年龄	0.168***	0.213***	0.242***	0.417***
	(0.045)	(0.048)	(0.066)	(0.136)
受教育年限	0.146	0.172*	0.204	0.395
	(0.094)	(0.096)	(0.157)	(0.255)

续表

变量名称	采纳强度		采纳行为	
	（1）	（2）	（3）	（4）
常数项	−21.361***	−34.645***	−29.670***	−110.947***
	(5.050)	(7.442)	(8.706)	(35.211)
旗县	控制	控制	控制	控制
样本量	66	66	66	66

注：*、**和***分别表示在10%、5%和1%的水平上通过显著性检验；括号中的数值为稳健标准误。

5.3.3　交易成本调节效应检验结果

基于5.1.3的理论分析，土地流转市场的交易成本不仅直接影响牧场参与内部循环种养结合模式行为，而且还会调节牧场养殖利润和效率与内部循环种养结合模式参与行为的关系。本章采用调节效应模型检验交易成本的调节作用，结果如表5-5所示，其中列（1）、列（2）和列（3）分别是人力资产专用性、物质资产专用性和地理位置专用性对养殖利润调节效应的检验结果，列（4）、列（5）和列（6）分别是人力资产专用性、物质资产专用性和地理位置专用性对养殖综合效率调节效应的检验结果。从交易成本对养殖利润与种养结合模式采纳行为的调节作用的检验结果看，物质资产专用性对牧场养殖利润与内部循环种养结合模式的参与行为具有正向调节作用，人力资本专用性和地理位置专用性的调节效应检验系数未通过10%的显著性检验。从物质资产专用性调节效应的平均边际效应（dy/dx）系数分析，在控制其他因素的情况下，牧场所在镇户均耕地面积处于均值时养殖利润对牧场内部循环种养结合模式的参与行为的平均边际效应系数为0.512，且在1%的显著性水平下显著相关，表明养殖利润降低1000元，牧场内部循环种养结合模式的参与行为的概率增加5.12%。但在其他条件控制的情况下，牧场所在镇户均耕地面积在均值的基础上增加1亩地，牧场内部循环种养结合模式的参与概率从5.12%增加到5.29%。

表 5-5　牧场参与内部循环种养结合模式行为的交易成本调节效应检验结果

变量名称	牧场采纳内部循环种养结合模式行为					
	（1）	（2）	（3）	（4）	（5）	（6）
养殖利润	−2.946***	−7.094***	−2.996***	−2.840**	−4.985**	−2.898***
	（1.056）	（1.998）	（1.050）	（1.226）	（2.118）	（1.021）
养殖效率	51.073***	73.194***	50.656**	57.032**	15.382*	9.070**
	（19.015）	（27.888）	（22.166）	（22.178）	（8.087）	（3.788）
养殖效率平方项	−29.912**	−44.800***	−28.826*	−32.875**	−31.776*	−28.009**
	（13.370）	（16.666）	（14.710）	（14.295）	（18.820）	（13.705）
养殖利润× 人力资产专用性	3.238	—	—	—	—	—
	（5.426）					
养殖利润× 物质资产专用性	—	−0.235***	—	—	—	—
		（0.068）				
养殖利润× 地理位置专用性	—	—	−0.154	—	—	—
			（0.186）			
养殖效益× 人力资产专用性	—	—	—	318.755	—	—
				（218.254）		
养殖效率平方项× 人力资产专用性	—	—	—	−209.542	—	—
				（152.292）		
养殖效益×物质 资产专用性	—	—	—	—	−0.254	—
					（0.259）	
养殖效率平方项× 物质资产专用性	—	—	—	—	1.360**	—
					（0.628）	
养殖效益×地理 位置专用性	—	—	—	—	—	0.149
						（0.191）
养殖效率平方项× 地理位置专用性	—	—	—	—	—	−0.061
						（0.560）
激励型环境规制	0.002***	0.004***	0.002***	0.002***	0.003***	0.002***
	（0.001）	（0.001）	（0.001）	（0.001）	（0.001）	（0.001）
约束型环境规制	0.060	−0.167	0.029	0.183	−0.131	−0.069
	（0.526）	（0.604）	（0.491）	（0.473）	（0.406）	（0.487）
引导型环境规制	1.173**	1.995***	1.230***	1.011**	1.369***	1.209***
	（0.468）	（0.763）	（0.465）	（0.446）	（0.475）	（0.467）

续表

变量名称	牧场采纳内部循环种养结合模式行为					
	（1）	（2）	（3）	（4）	（5）	（6）
人力资本专用性	16.617*** （5.485）	23.253*** （8.810）	15.924*** （4.858）	−99.717 （74.584）	23.613*** （8.281）	15.695*** （4.773）
地理位置专用性	0.195 （0.127）	0.272 （0.193）	0.190 （0.129）	0.229 （0.149）	0.330 （0.207）	0.149 （0.191）
物质资本专用性	0.171*** （0.053）	0.317** （0.134）	0.178*** （0.061）	0.158** （0.069）	0.238** （0.098）	0.162*** （0.048）
养殖规模	−0.001* （0.000）	−0.001 （0.000）	−0.001* （0.000）	−0.001 （0.000）	−0.001* （0.000）	−0.000* （0.000）
牧场经营年限	−0.031 （0.076）	−0.108 （0.109）	−0.023 （0.082）	−0.005 （0.087）	0.018 （0.112）	−0.023 （0.077）
饲草料培训情况	3.024*** （1.126）	4.230*** （1.236）	3.252** （1.351）	2.972** （1.215）	4.237*** （1.479）	2.809*** （1.045）
年龄	0.370*** （0.095）	0.622*** （0.215）	0.383*** （0.105）	0.383*** （0.120）	0.575*** （0.199）	0.357*** （0.089）
受教育年限	0.285 （0.177）	0.394 （0.295）	0.276 （0.181）	0.313 （0.196）	0.543* （0.289）	0.275 （0.192）
常数项	−58.565*** （14.101）	−78.942*** （26.443）	−63.355*** （17.372）	−60.727*** （18.870）	−45.975*** （14.732）	−37.831*** （8.910）
旗县	控制	控制	控制	控制	控制	控制
样本量	66	66	66	66	66	66

注：*、**和***分别表示在10%、5%和1%的水平上通过显著性检验；括号中的数值为稳健标准误。

从交易成本对养殖效率与种养结合模式参与行为的调节作用的检验结果来看，人力资产专用性和地理位置专用性对牧场养殖效率一次项和二次项与内部循环种养结合模式的参与行为的调节效应检验未通过10%的显著性检验。物质资本专用性对养殖效率二次项与牧场内部循环种养结合模式参与行为负向关系具有显著的反向调节作用。本章研究假说H5-4部分得到验证。

5.3.4　环境规制调节效应检验结果

基于 5.1.3 的理论分析，环境规制不仅直接影响牧场参与内部循环种养结合模式，而且还会调节牧场养殖利润和效率与内部循环种养结合模式参与行为的关系。本章采用调节效应模型检验交易成本的调节作用，结果如表 5-6 所示，其中列（1）、列（2）和列（3）分别是激励型环境规制、约束型环境规制和引导型环境规制对养殖利润调节效应的检验结果，列（4）、列（5）和列（6）分别是激励型环境规制、约束型环境规制和引导型环境规制对养殖综合效率调节效应的检验结果。从环境规制变量对养殖利润与牧场内部循环种养结合模式参与行为的调节效应检验结果看，激励型环境规制和约束型环境规制与养殖利润交互项的系数未通过 10% 的显著性检验。引导型环境规制与养殖利润的交互项系数在 10% 的显著性水平下显著正向影响牧场参与内部循环种养结合模式的概率，而养殖利润在 1% 的显著性水平下显著负向影响牧场参与内部循环种养结合模式的概率，表明引导型环境规制反向调节牧场养殖利润对内部循环种养结合模式参与行为的影响，本章研究假说 H5-4 部分得到验证。

表 5-6　牧场参与内部循环种养结合模式行为的环境规制调节效应检验结果

变量名称	牧场采纳内部循环种养结合模式行为					
	（1）	（2）	（3）	（4）	（5）	（6）
养殖利润	−2.875*** （1.735）	−2.662** （1.065）	−4.806*** （1.735）	−3.958*** （1.296）	−3.679** （1.660）	−5.289** （2.413）
养殖效率	47.847** （18.687）	45.600*** （17.013）	75.754*** （28.371）	19.017** （8.611）	12.541* （6.713）	20.616** （9.666）
养殖效率平方项	−27.956** （13.047）	−25.721** （11.948）	−44.764** （18.649）	−54.132*** （19.100）	−37.308*** （14.284）	−58.545** （26.784）
养殖利润× 激励型环境规制	−0.000 （0.003）	—	—	—	—	—
养殖利润× 约束型环境规制	—	0.486 （0.546）	—	—	—	—

续表

变量名称	牧场采纳内部循环种养结合模式行为					
	（1）	（2）	（3）	（4）	（5）	（6）
养殖利润× 引导型环境规制	—	—	1.844* (0.997)	—	—	—
养殖效率× 激励型环境规制	—	—	—	0.043* (0.024)	—	—
养殖效率平方项× 激励型环境规制	—	—	—	−0.122* (0.069)	—	—
养殖效率× 约束型环境规制	—	—	—	—	−0.354 (1.711)	—
养殖效率平方项× 约束型环境规制	—	—	—	—	−14.756 (13.097)	—
养殖效率× 引导型环境规制	—	—	—	—	—	−4.640 (5.138)
养殖效率平方项× 引导型环境规制	—	—	—	—	—	−49.487 (30.689)
激励型环境规制	0.002* (0.001)	0.002*** (0.001)	0.003*** (0.001)	0.000 (0.003)	0.002** (0.001)	0.004* (0.002)
约束型环境规制	−0.042 (0.487)	0.240 (0.652)	−0.111 (0.493)	−0.469 (0.473)	0.521 (0.757)	−0.028 (0.506)
引导型环境规制	1.166** (0.466)	1.200*** (0.462)	1.917* (0.994)	1.420** (0.592)	1.144*** (0.344)	3.271* (1.751)
人力资本专用性	15.813*** (4.899)	18.617** (7.507)	17.213** (6.901)	14.942*** (5.172)	17.154*** (6.077)	30.194* (15.906)
地理位置专用性	0.183 (0.123)	0.161 (0.121)	0.155 (0.136)	0.223 (0.146)	0.232 (0.148)	0.411 (0.322)
物质资本专用性	0.159*** (0.047)	0.161*** (0.045)	0.232*** 0.082	0.181*** (0.061)	0.193*** (0.070)	0.283** (0.115)
养殖规模	−0.000* (0.000)	−0.001* (0.000)	−0.001** (0.000)	−0.000 (0.000)	−0.001* (0.000)	−0.001* (0.001)
牧场经营年限	−0.025 (0.075)	−0.023 (0.088)	0.005 (0.087)	0.022 (0.079)	−0.009 (0.076)	−0.003 (0.142)
饲草料种植培训	2.790*** (1.078)	2.870** (1.133)	3.886*** (1.439)	3.291*** (1.049)	3.105*** (1.166)	5.760* (2.983)

续表

变量名称	牧场采纳内部循环种养结合模式行为					
	（1）	（2）	（3）	（4）	（5）	（6）
年龄	0.354 ***	0.356 ***	0.455 ***	0.429 ***	0.414 ***	0.700 ***
	（0.088）	（0.086）	（0.128）	（0.126）	（0.143）	（0.272）
受教育年限	0.287	0.282	0.463 **	0.386 *	0.407	0.511 **
	（0.175）	（0.179）	（0.232）	（0.224）	（0.278）	（0.231）
常数项	−58.132 ***	−59.371 ***	−77.950 ***	−44.010 ***	−45.253 ***	−63.073 ***
	（13.339）	（13.018）	（23.215）	（12.518）	（15.403）	（24.403）
旗县	控制	控制	控制	控制	控制	控制
样本量	66	66	66	66	66	66

注：* 、** 和 *** 分别表示在 10% 、5% 和 1% 的水平上通过显著性检验；括号中的数值为稳健标准误。

从环境规制变量对牧场养殖效率对内部循环种养结合模式采纳行为影响的调节效应检验结果来看，养殖效率一次项和二次项与约束型环境规制和引导型环境规制交互项的系数未通过 10% 的显著性检验。但是养殖效率一次项和二次项与激励型环境规制的交互项系数在 10% 的显著性水平下分别显著正向和负向影响牧场参与内部循环种养结合模式的概率，激励型环境规制对牧场养殖效率与内部循环种养结合模式参与行为的关系起到调节作用。从回归系数分析，养殖效率一次项和养殖效率一次项与激励型环境规制的交互项分别在 5% 和 10% 的显著性水平下与牧场内部循环种养结合模式参与行为正相关；而养殖效率二次项和养殖效率二次项与激励型环境规制交互项系数分别在 1% 和 10% 的显著性水平下与牧场内部循环种养结合模式参与行为负相关。说明牧场养殖效率较低时，随着养殖效率的提高牧场参与内部循环种养结合模式行为的概率逐渐提高，而且如果牧场获得的政府补贴越高，牧场参与内部循环种养结合模式的概率随着养殖效率提高的幅度越高。但牧场养殖效率达到一定水平之后，随着养殖效率的提高牧场参与内部循环种养结合模式的概率会降低，而且随着牧场获得政府补贴的提高，牧场参与内部循环种养结合模式的概率随着养殖效率降低的幅度更高。

5.4 本章小结

本章基于奶牛内部循环种养结合模式的形成机理，选择养殖效率、养殖利润、环境规制和耕地流转条件等关键影响因素，理论分析各因素之间作用机制，构建本章的理论分析框架。基于 5.1 的理论分析框架及研究假说，利用内蒙古呼和浩特市、包头市、巴彦淖尔市、赤峰市和兴安盟 5 个盟市 10 个旗县的牧场实地调研数据，采用二元选择 Logit 模型和调节效应模型实证检验奶牛业内部循环种养结合模式的形成，得到如下研究结论：

第一，养殖利润和效率是牧场参与内部循环种养结合模式的内在驱动力。牧场养殖利润负向影响牧场参与内部循环种养结合模式的概率，说明牧场上一年的养殖利润越低，牧场本年参与内部循环种养结合模式的概率越高，牧场的养殖模式转型遵循利润最大化原则。而养殖效率对牧场参与内部循环种养结合模式的概率的影响呈现倒"U"型关系。表明牧场从专业化养殖模式向种养结合模式的转型决策不仅遵循利润最大化原则，同时还遵循了效率原则。

第二，环境规制是促进牧场参与内部循环种养结合模式行为的重要政策激励因素。激励型环境规制和引导型环境规制变量显著正向影响牧场参与种养结合模式的概率。说明政府的激励型环境规制和引导型环境规制强度越高，牧场参与内部循环种养结合模式的概率越高。而约束型环境规制变量未通过显著性检验，说明约束型环境规制对牧场参与种养结合模式行为的促进作用不明显。

第三，土地流转市场的交易成本是牧场参与内部循环种养结合模式的最主要约束因素。人力资本专用性和物质资本专用性变量显著正向影响牧场参与内部循环种养结合模式的概率。说明牧场所在镇老龄化水平越高，户均耕地面积越大，牧场面临的流转土地交易成本越小，牧场参与内部循

环种养结合模式的概率越高。但地理位置专用性未通过显著性检验，牧场
与最近村庄的距离对牧场参与行为并没有显著影响。

第四，牧场参与内部循环种养结合模式决策受内部、外部众多因素以
及交互项的共同影响，存在交互效应。本章构建交易成本和环境规制与养
殖利润和效率的交互项并实证检验。交易成本与养殖利润和养殖效率的交
互项检验结果表明，物质资本专用性正向调节养殖利润对牧场参与内部循
环种养结合模式的负向影响，而反向调节养殖效率二次项对牧场参与内部
循环种养结合模式的影响；但人力资本专用性和地理位置专用性对养殖利
润和效率与牧场参与内部循环种养结合模式之间的关系的调节效应不显
著。而环境规制与养殖利润和养殖效率的交互项检验结果表明，引导型环
境规制变量反向调节养殖利润对牧场参与内部循环种养结合模式的影响，
激励型环境规制正向调节养殖效率一次项和二次项与牧场参与内部循环种
养结合模式的影响。

综上所述，奶牛业内部循环种养结合模式的形成受到很多因素的影
响，尤其是耕地流转市场的交易成本制约着牧场参与内部循环种养结合模
式行为。而外部循环种养结合模式的选择可能是部分牧场实现种养结合模
式的关键。因此，本书第 6 章将实证分析奶牛业外部循环种养结合模式的
形成。

第6章 奶牛业外部循环种养结合模式形成的案例及实证检验

第 5 章是奶业内部循环种养结合模式形成的实证分析。但由于牧场所在地耕地流转市场交易成本条件的约束，并非所有的牧场都能够完全参与内部循环种养结合模式，在环境规制压力下，"牧场+农户"的外部循环种养结合模式反而是部分牧场的必然选择。而且随着奶牛业规模化、标准化发展进程，奶牛养殖牧场逐渐脱离农村社会环境，逐渐向规模化、企业化的方向发展，农户与牧场之间的交易成本逐渐提高，"牧场+合作社+农户"的外部循环种养结合模式是奶牛业外部循环种养结合模式的发展的主要方向，且"牧场+农户"或"牧场+合作社+农户"的外部循环种养结合模式的形成取决于牧场和农户参与外部循环种养结合模式的行为。基于此，本章在第 4 章奶业外部循环种养结合模式形成机理分析的基础上，选择"SM 牧场+HZ 合作社+农户"的外部循环种养结合模式作为案例，从环境规制、交易成本以及合作社服务水平等角度分析牧场参与外部循环种养结合模式行为。

基于第 4 章外部循环种养结合模式形成机理，从农户内在感知的拉力、政策激励的推力和交易成本的阻力因素视角实证检验农户参与外部循环种养结合模式的行为。上述各类因素解释如下：第一类是农户内在感知因素。根据农户行为理论，作为"理性经济人"，农户行为决策追求经济效益最大化，但是农户尚未参与新的生产模式时，无法直接观察其经济效益，而对新生产模式的内在感知则成为农户参与行为的内在动力。基于此，本章选择农户对外部循环种养结合模式的经济效益感知、技术风险感知和市场风险感知等变量，探究内在感知对农户参与外部循环种养结合模式行为影响。第二类是政策激励因素。种养结合模式的本质是对生态的关照，其生态价值高于农户的经济价值，具有很强的外部性因素。根据外部性理论，当农户生产经营决策存在外部性时，私人成本收益偏离社会成本收益，市场机制失灵，需要政府制定相应的激励和约束政策将外部成本收益内部化，使私人成本收益等于社会成本收益。因此，政府有关政策也是影响农户参与种养结合的关键因素，本章选择农户是否参加种养结合模式培训、是否获得种养结合补贴和是否参加种植饲草的合作社作为政策激励因素检验政策激励对农户参与外部循环种养结合模式的影响。第三类是交易成本的阻力因素。农户参与"农户种植+牧场养殖"的外部循环种养结合模式，则农户种植的饲草和投入的粪肥以农户与牧场之间交易的形式完成。根据交易成本理论，市场交易是有成本的，这些成本包括交易前的信息搜寻成本，交易过程中的谈判成本和执行成本以及交易之后的监督成本。若农户销售饲草和购买粪肥过程存在交易成本，则直接影响农户销售的饲草和购买的粪肥的价格，进而影响农户参与种养结合模式的经济效益。因此，交易成本可能是影响农户参与"农户种植+牧场养殖"的外部循环种养结合模式的关键因素，本章选择信息搜寻成本、谈判成本和执行成本作为交易成本的替代变量实证检验交易成本对农户参与外部循环种养结合模式的影响。第四类是农户资源禀赋和个体特征因素。根据资源禀赋理论，农户耕地资源、劳动力资源、物质资源以及专业化水平的不同也会导致农户采取异质性的生产决策。同时，农户自身的性别、年龄、受教育年限、整治面貌以及是否当过村干部等个体特征因素也会影响农户的生产行为决策。因此，本章还选择耕地资源、劳动力、物质资源和专业化水平等资源禀赋因素和受访者年龄、受教育年限和是否当过村干部等个体特征变量作为控制变量。

本章具体的结构安排如下：第一部分是牧场参与外部循环种养结合模式的案例分析，第二部分是农户参与外部循环种养结合模式的实证检验，

第三部分是本章小结。

6.1 牧场参与外部循环种养结合
模式的案例分析

6.1.1 案例牧场选择及介绍

6.1.1.1 案例牧场选择

表 6-1 是课题组调研的牧场中只采纳外部循环种养结合模式的 10 家牧场的基本情况。

表 6-1 实现外部循环种养结合模式牧场的基本特征

单位：头，吨

牧场编号	地区分布	牧场规模	牧场性质	牧场负责人居民身份	农户收购青贮玉米量	与农户对接形式
1131	巴彦淖尔	535	家庭牧场	非本镇居民	6500	第三方
1212	巴彦淖尔	1350	合作制牧场	非本真居民	15000	第三方
1213	巴彦淖尔	421	家庭牧场	本镇居民	2600	直接对接
2121	呼和浩特	438	家庭牧场	本镇居民	3800	直接对接
2221	呼和浩特	335	家庭牧场	本镇居民	3000	直接对接
2321	呼和浩特	12825	公司制牧场	非本镇居民	70000	第三方
2331	呼和浩特	3038	公司制牧场	本镇居民	17000	第三方
3211	包头	154	家庭牧场	本镇居民	1500	直接对接
3241	包头	1813	合伙制牧场	非本镇居民	10000	第三方
5311	兴安盟	1754	公司制牧场	非本镇居民	16000	第三方

由表 6-1 可知，养殖规模 1000 头以上的牧场，无论牧场性质是合伙制还是公司制，也无论牧场负责人是本镇居民还是非本镇居民，均采用

"牧场+第三方（合作社/草贩子/村委会）+农户"的外部循环种养结合模式。而养殖规模较小的时候如果牧场负责人是本镇居民，采用"牧场+农户"的直接衔接的外部循环种养结合模式，而牧场负责人非本镇居民时仍然采用"牧场+第三方+农户"的外部循环种养结合模式。随着奶牛业标准化、专业化的发展进程，奶牛业养殖规模逐渐提高，1000 头以上的大规模养殖是奶牛业主要发展方向，尤其是自 2023 年开始牛奶消费市场疲软，乳制品企业采取鲜牛奶限量收购和降价措施，使得小规模养殖户无法应对市场风险，正逐渐退出奶牛业。因此，本章选择"牧场+第三方（合作社）+农户"的外部循环种养结合模式为案例分析对象，选择内蒙古呼和浩特市的 SM 牧场作为案例牧场，分析 SM 牧场参与"牧场+合作社+农户"的外部循环种养结合模式的决策及经济效益。

6.1.1.2　案例牧场介绍

SM 牧场坐落于内蒙古呼和浩特市，2013 年开始建厂，2014 年开始经营，占地面积 367 亩，建设总投资额为 7900 万元。建厂时规划的存栏头数为 3500 头，2014 年开始运营时的存栏头数为 2484 头，2021 年年末达到 3157 头，其中产奶牛 1910 头、干奶牛 344 头、育成牛 741 头、犊牛 160 头。牧场成立至今，牧场的牛奶一直提供给蒙牛乳业股份有限公司。2021 年牧场平均奶牛单产为 31.7 公斤，产奶期为 305 天，牧场平均日产量为 55 吨，平均牛奶价格为 4.05 元/公斤。由于牧场附近的耕地为盐碱地，耕地质量不高，而且当地耕地价格较高，与附近农户协商耕地流转事宜比较麻烦，因此牧场目前没有自己的种植饲草料耕地，奶牛养殖所需的饲草基本以外购为主。其中青贮玉米主要从附近农户收购，目前有两个第三方机构负责青贮玉米的收购事宜；而苜蓿草、燕麦草和羊草等饲草从专门供应商提供，基本以进口草为主。

牧场粪污处理设施设备购置情况看，2014 年建厂时牧场已经购置采粪池、化粪池、沉淀池、氧化塘、晾粪台、粪肥运输车等粪污处理的设施设备，总投入 636 万元。2015 年用 27 万元购买固液分离机，2016 年花 1000 万元扩建氧化塘，从 2014 年的两级氧化塘扩建成现在的六级氧化塘，2021 年花 730 万元构建干粪垫料处理系统。目前牧场粪污无害化处理的过程如下：首先，将粪污进入干湿分离机分离成干粪和液体粪；其次，将干粪采用垫料处理系统处理成奶牛卧床垫料循环利用，将液粪进入六级氧化塘进行 6 个月的氧化处理；最后，将在氧化塘氧化处理过的液粪进行还田。由于牧场运动场的粪不适合进行干湿分离，将其全部堆肥发酵并还田。

6.1.2　牧场参与外部循环种养结合模式的历程

图 6-1 是 SM 牧场参与外部循环种养结合模式的历程。由图 6-1 可知，SM 牧场参与外部循环种养结合模式的过程可以分为农户和牧场间单项输送阶段（2014~2016 年）、"牧场+供应商"循环的种养结合阶段（2016~2018 年）、"牧场+合作社+农户"循环的种养结合阶段（2018~2021 年）和"牧场+合作社"循环的种养结合阶段（2021 年至今）四个阶段。四个阶段的具体特征如下：

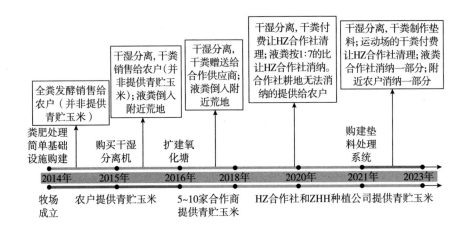

图 6-1　SM 牧场参与外部循环种养结合模式的历程

6.1.2.1　农户和牧场间单项输送阶段（2014~2016 年）

2014 年 SM 牧场刚成立，无固定的青贮玉米合作供应商，主要从附近的农户收购青贮玉米。2014～2016 年牧场的平均存栏头数为 2500 头，每头奶牛青贮玉米年使用量为 7 吨，年青贮玉米的使用量达 18000 吨。牧场所在地亩均青贮玉米产量为 2.5 吨，牧场约收购 7200 亩耕地的青贮玉米，当地农户户均耕地面积为 50～60 亩，牧场需要从 120～140 户农户收购青贮玉米。再加上第一次承包耕地时，大部分地方根据本村地质情况平均分配不同质量的耕地资源，导致农户耕地碎片化严重，牧场收够 6000 亩耕地的青贮玉米需要协商的农户数量可能成倍增长。因此，在这一阶段无法收储足够量的青贮玉米或者无法控制质量是普遍现象。

从牧场粪污处理方式来看，将这一阶段的牧场粪污处理方式又分成两个小阶段。第一阶段是 2014～2015 年，这个时候牧场将粪污全部收集并堆肥发酵后春季和秋季两个季节 30 立方米 100 元的价格销售给附近的农户，未销售完的排放至牧场附近的荒地。第二阶段是 2015～2016 年，牧场购买干湿分离，将牧场粪污进行干湿分离，干粪堆肥发酵后春季和秋季两个季节同样 30 立方米 100 元的价格销售给附近的农户，而液肥（污水）直接排放至牧场附近的荒地。

虽然在这个阶段牧场从农户收储青贮玉米，并且将部分粪肥销售给农户，但牧场和农户之间并没有形成有口头协议或书面协议的紧密衔接机制。而且为牧场提供青贮玉米的农户并非是从牧场购买粪肥的农户，青贮玉米和粪肥并没有达到以同一耕地为媒介在牧场和农户之间闭环循环。因此，农户向牧场单项输送青贮玉米，牧场又向其他农户单项输送粪肥，而且牧场无法销售的部分固体肥和液体肥直接排放至附近荒地，造成牧场附近地区的环境污染问题。

6.1.2.2　"牧场+供应商"循环的种养结合阶段（2016～2018 年）

这个阶段，牧场为解决青贮玉米收储量不够以及质量不高的问题，培养牧场的合作供应商。刚开始合作供应商人数较多，为 8～10 家，包括种植大户、合作社、种植企业以及村级里人缘比较好的"二道贩子"。此期间主要以口头协议为主，牧场与合作供应商的衔接度比较松散，而且种植大户、合作社本身和"二道贩子"的种植规模也不是特别大，大部分青贮玉米还是主要从农户收购，尤其是"二道贩子"主要从附近农户收购。在这一阶段牧场青贮玉米的收储量得到很大的保障，基本能够收储牧场全年需求量的青贮玉米，而青贮玉米的质量虽然有所提升，但仍然与牧场的要求存在一定差距。

牧场粪污处理情况分析，这一阶段牧场粪污的处理仍然采用干湿分离技术，干粪从之前的销售转变为免费赠送，主要送给附近农户和牧场合作供应商。这个阶段牧场和合作供应商之间初步形成了闭环循环的外部循环种养结合模式，但牧场和合作供应商之间的衔接比较松散，外部循环种养结合模式能否形成主要依赖合作供应商是否需要和是否有条件获取牧场的干粪并还田。而液体肥（污水）仍然排放在附近的荒地，仍然对牧场附近的环境造成污染。

6.1.2.3 "牧场+合作社+农户"循环的种养结合阶段（2018~2021 年）

为进步提高牧场青贮玉米质量和降低液粪（污水）环境污染问题，SM 牧场采用招投标的方式确定供应商，主要关注供应商的耕地规模、耕地质量、青贮玉米收割、运输、入窖、压窖过程中所需的机器设备以及其他的资质，最终确定两个供应商：一个是 HZ 合作社，另一个是 ZHH 种植公司。牧场选择 HZ 合作社和 ZHH 种植公司的主要原因是这两个组织具有相应规模的耕地资源，其中 HZ 合作社有 3000 亩耕地，2000 亩是从附近农户流转的，1000 亩是成立合作社时 68 户农户土地入股的，ZHH 种植公司有 1000 亩耕地。从青贮玉米供给角度分析，HZ 合作社提供的青贮玉米约占牧场需求量的 75%，ZHH 种植公司提供的青贮玉米约占 25%。HZ 合作社提供的青贮玉米中 45% 的青贮玉米来自 HZ 合作社的自有耕地，30% 的青贮玉米是 HZ 合作社从附近农户收购的，形成了"牧场+合作社+农户"的模式。而 ZHH 种植公司提供的青贮玉米全部来自自己的耕地，未与农户进行链接。从牧场与 HZ 合作社和 ZHH 种植公司衔接的角度分析，每年 3~5 月牧场结合 HZ 合作社和 ZHH 种植公司的耕地规模、质量进行评估情况以及以前年交易形成信誉的基础上确定本年应供应数量，并签订书面协议，牧场与 HZ 合作社和 ZHH 种植公司之间的链接强度较高。

由图 6-1 可知，这个阶段牧场的粪污仍然采用干湿分离技术，干粪和液体粪达到环保要求的还田标准时可以还田处理。在这个阶段牧场与 HZ 合作签订粪肥还田的书面协议，协议规定，牧场雇用 ZH 合作社清理牛舍、牛棚及运动场的粪污，年清理费用为 40000 元，清理之后的粪进行干湿分离，干粪堆肥发酵之后直接赠给 HZ 合作社；液体粪进入氧化塘进行 6 个月以上的氧化达到还田标准后，牧场与 HZ 合作社协议约定，HZ 合作社必须以 1 吨青贮玉米 7 吨液体粪的比例消纳牧场液体粪。由于牧场粪肥量较大，HZ 合作社自己土地无法消纳，HZ 合作社采用仅收取运输费的形式销售给本村居民，形成了"牧场+合作社+农户"的粪污处理模式。

结合 SM 牧场青贮玉米收购和粪污处理情况，在这个阶段形成了真正意义上的"牧场+合作社+农户"外部循环的生态种养结合模式。

6.1.2.4　"牧场+合作社"循环的种养结合阶段（2021 年至今）

在这个阶段牧场收购青贮玉米的情况基本与 6.1.2.3"牧场+合作社+农户"循环的种养结合阶段保持一致。而牧场的粪污处理过程发生了一些变化。由于土默特左旗沙子资源比较紧缺，再加上资源环境保护力度的加大，奶牛卧床垫料所需的沙子无法获取或者成本太高。因此，SM 牧场 2021 年投入 750 万元购置干粪垫料处理系统。现阶段牧场粪污处理程序如下：一是牛舍和奶厅的粪污进行干湿分离，干粪进入垫料处理系统直接处理成牛舍卧床垫料进行牧场内部循环利用；液粪进入氧化塘进行 6 月的氧化处理，达到还田标准后，部分液粪牧场雇用专门运输车辆排放至离牧场 15 公里以内的需要的农户耕地里，附近农户无法消纳的提供给 HZ 合作社。二是运动场的粪肥和石块掺杂，无法进入干湿分离机分离，这部分粪肥牧场仍然选择雇用 HZ 合作社进行清理，并堆肥发酵达到还田要求后由 HZ 合作社还田，但由于运动场的粪肥较少且牧场附近农户对液粪的认知的提高需要 HZ 合作社消纳的液粪量也大量减少，只够还至合作社自己的耕地，无多余粪提供给合作社服务的农户。因此，2021 年之后 SM 牧场的外部循环模式从"牧场+合作社+农户"循环模式转向"牧场+合作社"

的模式。从牧场与合作社衔接强度分析，现阶段 SM 牧场的"牧场+合作社"循环的外部循环模式也是真正意义上的生态循环模式的范畴。

6.1.3　SM 牧场参与外部循环种养结合模式

6.1.3.1　环境规制政策与牧场参与外部循环种养结合模式

表 6-2 是国家养殖粪污资源化利用以及种养结合模式发展相关政策的发布情况。由表 6-2 可知，将中国环境规制政策的发展可分为初步认识阶段、强化行动阶段和巩固完善阶段。

表 6-2　国家养殖粪污资源化利用以及种养结合模式发展相关政策的发布情况

年份	养殖粪污资源化利用以及种养结合相关政策
2014	《畜禽规模养殖污染防治条例》
2015	"粮改饲"政策、《水污染防治行动计划》、农业面源污染防治攻坚战
2017	《国务院办公厅关于加快推进畜禽养殖废弃物资源化利用的意见》《关于创新体制机制推进农业绿色发展的意见》《畜禽粪污资源化利用行动方案（2017—2020 年）》《全国农村沼气发展"十三五"规划》《种养结合循环农业示范工程建设规划（2017—2020 年）》
2018	《土壤污染防治法》《全国畜禽粪污资源化利用整县推进项目工作方案（2018-2020 年）》《畜禽粪污土地承载力测算技术指南》
2020	《中华人民共和国固体废物污染环境防治法》《关于促进畜牧业高质量发展的意见》《进一步明确畜禽粪污还田利用要求强化养殖污染监管的通知》
2021	《绿色种养循环农业试点技术指导意见》《农业面源污染治理与监督指导实施方案的通知（试行）》《畜禽粪肥中兽药风险防控指南》《农田灌溉水质标准》

（1）初步认识阶段（2014~2016 年）。

2014 年开始国家开始认识到农业面源污染问题，2014 年和 2015 年陆续颁发畜禽规模养殖场污染防治、农业面源污染防治攻坚战以及"粮改饲"等政策文件。在这个阶段，中国养殖业环境规制政策的重点集中在新建规模化养殖场粪污处理基础设施建设层面。

从 SM 牧场的实际情况分析，2014 年 SM 牧场建厂时就按环保要求购建采粪池、化粪池、沉淀池、氧化塘、晾粪台、粪肥运输车等粪污处理的设施设备。但随着环境规制要求的加强，SM 牧场又于 2015 年购买干湿分离机，2016 年再扩建氧化塘，从原来二级氧化塘扩建成六级氧化塘。但这个阶段中国养殖业环境规制政策并没有明确提出养殖粪污的终端处理要求，因此在这个阶段 SM 牧场将固体粪销售给需要的农户，液体粪和部分无法销售的固体粪排放至牧场附近的荒地。

（2）强化行动阶段（2017~2019 年）。

2017 年和 2018 年中央国务院和农业农村部等相关部门相继出台《国务院办公厅关于加快推进畜禽养殖废弃物资源化利用的意见》《畜禽粪污资源化利用行动方案（2017—2020 年）》《全国农村沼气发展"十三五"规划》《种养结合循环农业示范工程建设规划（2017—2020 年）》《全国畜禽粪污资源化利用整县推进项目工作方案（2018-2020 年）》《畜禽粪污土地承载力测算技术指南》等养殖粪污资源利用的具体行动方案，推动养殖大县实现种养结合的资源化利用模式。

从 SM 牧场的具体情况分析，在这个阶段 SM 牧场的养殖粪污逐渐从销售给农户向免费赠送给合作供应商，又从免费赠给合作供应商主动向 HZ 合作社签订固体粪和液体粪消纳协议转型。SM 牧场的养殖模式也从种养分离向松散式种养结合，又从松散式种养结合向紧密式种养结合生态模式转型。

（3）巩固完善阶段（2020 年至今）。

2020 年和 2021 年国务院及相关部门出台了《中华人民共和国固体废物污染环境防治法》《进一步明确畜禽粪污还田利用要求强化养殖污染监管的通知》《绿色种养循环农业试点技术指导意见》《农业面源污染治理与监督指导实施方案的通知》《畜禽粪肥中兽药风险防控指南》《农田灌溉水质标准》等技术指导、排放标准以及监管政策，进一步巩固和完善了种养结合的资源化利用模式的发展。

从 SM 牧场的情况分析，随着国家资源保护力度的加大，SM 牧场无法获取足够量的软沙作为奶牛卧床垫料，2021 年牧场构建干粪垫料加工系统，将干湿分离之后的干粪制作成卧床垫料循环利用，污水由附近的农户和 HZ 合作社消纳。而且随着 2021 年《农田灌溉水质标准》的出台，能有效提高农户对牧场液肥的认知，促进牧场附近农户对牧场液肥的需求量，进而促进 SM 牧场从"牧场+合作社+农户"的外部循环模式向"牧场+合作社"的外部循环种养结合模式转型。

从以上分析可知，国家环境规制政策是 SM 牧场参与外部循环生态种养结合模式的主要推动力。

6.1.3.2　交易成本与牧场参与外部循环种养结合模式

从 6.1.2 的 SM 牧场参与种养结合模式的历程可知，由于牧场收储青贮玉米环节存在以下几点内外部的客观条件约束，牧场和农户之间存在较高的交易成本。一是 SM 牧场与当地农户的经营规模存在显著差异，牧场收储青贮玉米年使用量，需要 150~300 户农户进行协商。二是牧场必须在每年 9 月 20 日至 10 月 10 日的 20 天内一次性收储下第二年全年的青贮玉米使用量，而且每个青贮玉米窖从第一车青贮玉米入窖开始必须在 3 天内装满并压窖、封窖，否则之前入窖的青贮玉米会变质，因此牧场的青贮玉米收储具有很强的时间约束。三是农户种植的玉米都是粮草兼用的品种，青贮玉米与籽粒玉米之间具有竞争关系，农户不愿意年初与牧场签订销售青贮玉米的协议。四是牧场收储青贮玉米的时节正好是当地容易下霜的时节，一旦下霜玉米秸秆的水分大量流失，亩均青贮玉米产量下降，农户不愿意销售青贮玉米。五是大牧场一般都有严格的财务制度，收储青贮玉米的款项无法实现一手交钱一手交货，但由于大牧场负责人不是本村居民时，牧场和农户之间缺乏信任，农户往往要求一手交钱一手交货，货款结算存在很大的冲突。六是牧场无青贮玉米收割、运输和压窖的机器设备和劳动力，基本采用临时的租赁和雇佣，若协调不好可能存在增加成本的风险。基于以上约束条件，牧场在短短 20 天的时间内寻找销售青贮玉米的 150~300 户农户信息，并与之进行有效沟通、协调并顺利收储年需求量的青贮玉米的成本较高。因此，牧场与农户衔接的交易成本是影响"牧场+农户"的外部循环种养结合模式形成的最大的阻力。

6.1.3.3　合作社服务与牧场参与外部循环种养结合模式

越来越紧的环境规制政策推动牧场向种养结合生态循环模式发展，但牧场与农户之间的交易成阻碍"牧场+农户"的外部循环种养结合模式的发展。根据交易成本理论，当某种交易的成本足够高且必须实现该交易时，会形成节约交易成本的经济组织。合作社的出现就是为牧场和农户提供专业服务，降低牧场与农户之间的交易成本，使牧场和农户有效衔接。

从与 SM 牧场合作的 HZ 合作社的服务角度分析，HZ 合作社是什兵地村 75 户农户自愿入股成立的农民专业合作社，合作社负责人康总也是什兵地村原村主任。HZ 合作社的主要业务是为农户提供以下服务：一是低价提供种子、化肥、农药等农资服务；二是 HZ 合作社拥有种植业生产所需的全套机器设备，为什兵地村农户低价提供翻地、拔地、播种、浇水、施肥、打药、收割、打捆、运输等生产机械服务；三是免费为村民提供种种技术培训服务；四是按成本价为村民提供粪肥运输服务；五是略高于市场价格收购青贮玉米和籽粒玉米并满足农户现金结算的要求；六是为社员提供零利息贷款服务。因此，HZ 合作社在提供服务的过程中与什兵地村民建立了长久稳定的信任关系，有效降低 HZ 合作社从农户收购青贮玉米环节的信息搜寻成本、谈判成本和执行成本。

同样，HZ 合作社也为 SM 牧场提供以下服务：一是 HZ 合作社有 5280 亩耕地资源，其中 2500 亩是合作流转的荒地，3780 亩是 73 户农户入股的耕地，而且具有规范的合作社章程以及管理制度，每年年初能与牧场签订书面购销协议，保障 SM 牧场年青贮玉米收储量。二是合作社有青贮玉米收割机、运输车辆、装载机、碾压机等青贮玉米收割、运输、入窖压窖环节的机器设备，能为牧场提供收割、运输、入窖压窖等服务以及粪污清理、运输、消纳服务。

因此，HZ 合作社的服务项目以及质量直接影响牧场与农户之间交易成本的降低程度，进而影响奶牛业外部循环生态模式的形成，合作社的服务水平对牧场参与外部循环种养结合行为起到调节的作用。

6.2 农户参与外部循环种养结合模式的实证检验

6.2.1 理论分析与研究假说

6.2.1.1 内在感知、外部环境与农户参与行为

根据农户行为理论，农户生产行为是基于家庭效用最大化的多目标决策过程。本章根据 Robinson 提出的多目标效用理论模型，借鉴陈宏伟和穆月英（2022）、陈雪婷等（2020）的研究，构建农户利润最大化、风险最小化和家庭劳动力投入最小化目标的效用函数决策模型：

$$MaxU = w_1 f(\cdot) + w_2 g(\cdot) + w_3 l(\cdot) \tag{6-1}$$

其中，利润最大化决策目标函数是 $f(\cdot)$，风险最小化决策目标函数是 $g(\cdot)$，劳动力投入最小化的决策目标函数是 $l(\cdot)$。w_1、w_2 和 w_3 的绝对值反映的是农户决策过程中的利润最大化目标、风险最小化目标和劳动力投入最小化目标相对重要性。其中 $w_1 > 0$、$w_2 < 0$ 和 $w_3 < 0$，且 $|w_1| + |w_2| + |w_3| = 1$。

（1）利润最大化目标。

依据利润最大化目标，只有农户参与种养结合模式的利润高于不参与时的利润，农户才会选择参与种养结合模式。农户参与"农户种植+牧场养殖"的奶牛业种养结合模式的关键是农户种植饲草并销售给牧场的同时从牧场获取养殖粪污作为种植饲草的肥料。假设 R 和 C 分别是农户参与种养结合模式前后不变的农作物亩均收入和亩均成本，ΔU 为农户参与种养结合模式的潜在收益（包括种植饲草的亩均增量收入、政府补贴收入以及节约化肥投入的收入），ΔC 为农户参与种养结合模式的额外成本（包括粪肥运输成本、粪肥还田的增量劳动力成本和增量灌溉成本、错过最优收割季节的损失成本等）。因此，追求利润最大化目标的条件可以表

示为如下不等式：

$$R+\Delta U-\Delta C-C \geqslant R-C \tag{6-2}$$

从式（6-2）可知，利润最大化决策目标函数 f（·）由农户预期参与种养结合模式之后的潜在收益（ΔU）和预期采纳之后的额外增量成本（ΔC）共同决定。故函数可表示为：

$$f（·）=f（\Delta U, \Delta C） \tag{6-3}$$

"农户种植+牧场养殖"的奶牛业外部循环模式决定了种养业物质循环通过市场交易才能实现，市场交易成本（TC）影响农户参与种养结合模式行为，具体影响体现在，较高的信息搜寻成本、谈判成本和执行成本会降低饲草销售的均衡价格，提高粪肥购买的均衡价格从而减少种植饲草的亩均增量收入和粪肥替代化肥投入量而节约的收益，同时提高农户错过最优收割时节的概率，从而增加损失成本，而且还会提高粪肥运输环节的成本。因此，$\dfrac{\partial（\Delta U-\Delta C）}{\partial TC}<0$。

种养结合模式的本质是对生态的关照（郭庆海，2019），种养结合模式对养殖业粪污环境污染的减少以及种植业耕地力保护的外部性与农户"经济人"理性的对立，政府政策激励（PL）同样影响农户参与种养结合模式行为。补贴政策能降低农户参与种养结合模式的额外经济成本 ΔC（陈宏伟和穆月英，2022），培训和合作社政策降低农户学习新技术所耗费的精力和成本，进而提高农户的预期净收益。因此，政策激励将种养结合模式的正外部性内部化，故 $\dfrac{\partial（\Delta U-\Delta C）}{\partial PL}>0$。

对于农户而言，在没有亲自实践种养结合模式之前，无法准确观测到参与种养结合模式之后的潜在收益和额外成本（陈雪婷等，2020）。而只能基于综合考虑自身禀赋以及外部政策和市场环境后形成的种养结合模式的内在感知做出是否参与的行为决策。本章借鉴陈雪婷等（2020）、陈宏伟和穆月英（2022）、程琳琳等（2019）的研究将内在感知分为经济效益感知（e）和风险感知（r），又考虑到农户参与种养结合模式不仅采用新的生产技术，同时还通过市场交易饲草和粪肥，鉴于我国饲草和粪肥交易市场尚未完善，将农户风险感知分为技术风险感知和市场风险感知。经济效益感知（e）是农户对参与奶牛业外部循环种养结合模式成本收益的内在感知和评价。农户对种养结合模式的经济效益感知（e）越高时，农户对参与种养结合模式后的预期的潜在收入（ΔU）越高，而预期额外成本（ΔC）越低，即$\frac{\partial（\Delta U-\Delta C）}{\partial e}>0$。而风险感知与经济效益感知正好相反，农户对种养结合模式的风险感知越高，农户对参与种养结合模式之后的预期潜在收入（ΔU）越低，而预期额外成本（ΔC）越高，故$\frac{\partial（\Delta U-\Delta C）}{\partial r}<0$，因此，利润最大化目标的效用函数可以表示为：

$$Maxf(\cdot)=f[\Delta U(TC，PL，e，r)，\Delta C(TC，PL，e，r)] \quad (6-4)$$

（2）风险最小化目标。

对风险最小化目标参与奶牛业外部循环种养结合模式，农户农作物种植从粮食作物转为饲草作物，同时用粪肥替代部分化肥。因此，种养结合模式的种植技术与传统种植模式间存在差异。如果种养结合模式的种植技术效果不好（粪肥替代化肥技术）或者农户对种植技术的掌握不好可能会导致减产，即存在技术风险。同时，青贮玉米、苜蓿草和燕麦草等饲草作物受到最佳收割期的刚性约束，且时间较短。最佳收割期前收割或后收割对饲草的品质和价格的影响较大，故存在一定的市场风险。因此，如果农户风险感知（r）（技术风险感知和市场风险感知）较高的时候，农户掌握种养结合模式的种植技术的难度越大，在最佳收割期内收割和销售的可能性越小，饲草作物减产和降价的风险越高，故$\frac{\partial g}{\partial r}>0$。而且当市场交易成本（TC）高的时候，农户在最佳收割期内收割并销售的可能性较低，农户面临的市场风险较高，因此，$\frac{\partial g}{\partial TC}>0$。

（3）劳动力投入最小化目标。

在现有市场和技术环境下，农户参与奶牛业外部循环种养结合模式，在饲草销售和粪肥投入环节具有增加劳动力的属性。在粪肥投入环节，实践中粪肥还田的机械设备尚未普及，粪肥还田主要依赖人工撒粪和平整，而且粪肥具有易旱特征导致农户灌溉次数增多，从而提高劳动力的需求量或者提高劳动强度。而且粪肥投入强度、平整的质量以及灌溉时点的掌握程度会影响农业劳动力的投入量以及投入强度。因此，农户技术风险感知越高，农户对该技术的掌握难度越大，劳动力投入时间越长，故 $\dfrac{\partial l}{\partial r}>0$。

在饲草销售和粪肥购买环节，农户面临的交易成本（TC）越高，农户在信息收集、谈判和运输过程的劳动力投入时间越长，故 $\dfrac{\partial l}{\partial TC}>0$。

因此，农户参与奶牛业外部循环种养结合模式的效应函数可以进一步表示为：

$$U=w_1 f[\ \Delta U(TC,\ PL,\ e,\ r),\ \Delta C(TC,\ PL,\ e,\ r)\ ]$$
$$+w_2 g(TC,\ r)+w_3 l(TC,\ r) \tag{6-5}$$

对效用函数进行求导可得：

$$\frac{\partial U}{\partial TC}=w_1\left(\frac{\partial f}{\partial \Delta U}\times\frac{\partial \Delta U}{\partial TC}+\frac{\partial f}{\partial \Delta C}\times\frac{\partial \Delta C}{\partial TC}\right)+w_2\frac{\partial g}{\partial TC}+w_3\frac{\partial l}{\partial TC}$$
$$=w_1\frac{\partial\ (\Delta U-\Delta C)}{\partial TC}+w_2\frac{\partial g}{\partial TC}+w_3\frac{\partial l}{\partial TC}<0 \tag{6-6}$$

$$\frac{\partial U}{\partial PL}=w_1\left(\frac{\partial f}{\partial \Delta U}\times\frac{\partial \Delta U}{\partial PL}+\frac{\partial f}{\partial \Delta C}\times\frac{\partial \Delta C}{\partial PL}\right)=w_1\frac{\partial\ (\Delta U-\Delta C)}{\partial PL}>0 \tag{6-7}$$

$$\frac{\partial U}{\partial e}=w_1\left(\frac{\partial f}{\partial \Delta U}\times\frac{\partial \Delta U}{\partial e}+\frac{\partial f}{\partial \Delta C}\times\frac{\partial \Delta C}{\partial e}\right)=w_1\frac{\partial\ (\Delta U-\Delta C)}{\partial e}>0 \tag{6-8}$$

$$\frac{\partial U}{\partial r}=w_1\left(\frac{\partial f}{\partial \Delta U}\times\frac{\partial \Delta U}{\partial r}+\frac{\partial f}{\partial \Delta C}\times\frac{\partial \Delta C}{\partial r}\right)+w_2\frac{\partial g}{\partial r}+w_3\frac{\partial l}{\partial r}$$
$$=w_1\frac{\partial\ (\Delta U-\Delta C)}{\partial r}+w_2\frac{\partial g}{\partial r}+w_3\frac{\partial l}{\partial r}<0 \tag{6-9}$$

基于以上分析，本章提出如下研究假说：

H6-1：基于利润最大化、风险最小化和劳动力投入最小化的目标下，交易成本和风险感知（技术风险感知和市场风险感知）与农户参与奶牛业外部循环种养结合模式行为负相关；而政策激励和经济效益感知与农户参与行为正相关。

6.2.1.2　内在感知的中介效应

行为经济学理论认为，人类的行为决策具有很强的不确定，引入心理因素能更科学有效地分析人类行为决策（苑甜甜等，2021）。S-O-R（Stimulus-Organism-Response，刺激—有机体—反应）理论模型揭示外部环境特征影响个体行为决策的理论机理。其中，S 为对个体的刺激因素，即个体所处的外部环境特征；O 为个体的认知或情感，即个体受到外部刺激后的内在感知；R 为反应，即个体基于受到外部刺激后形成的内在感知做出的行为决策。基于 S-O-R 模型，内在感知在外部环境刺激与个体行为决策的关系中起到中介作用。本章借鉴苑甜甜等（2021）的研究选择农户参与种养结合模式行为决策的政策环境和市场交易环境因素，即政策激励和交易成本变量；同时借鉴陈雪婷等（2020）和程琳琳等（2019）的研究，将经济效益感知和风险感知度量农户在政策激励和交易成本约束的共同作用下形成的对种养结合模式的内在感知变量，而农户是否参与种养结合模式以及参与强度是农户基于外部环境和内在感知的基础上做出的行为决策。基于苑甜甜等（2021）的研究，外部环境对农户行为决策的影响并非严格遵循 S-O、O-R 的作用路径，而是外部的政策激励和交易成本环境可以通过农户内在感知的中介路径影响其行为决策，也可以直接影响农户行为决策。基于以上分析，本章提出研究假说：

H6-2：政策激励和交易成本因素通过农户内在感知间接影响农户参与奶牛业外部循环种养结合模式的行为。

6.2.1.3　农户资源禀赋的异质性

资源禀赋包括劳动力资源、耕地资源、物质资本资源和技术资源等（崔钊达和余志刚，2021），且农户的资源禀赋显著影响其生产行为决策（李成龙和周宏，2022）。同时，当农户面对同一外部环境刺激时，不同资源禀赋的农户产生的反应也存在显著差异（苑甜甜等，2021）。耕地资源是农户最重要的自然资源，相比于耕地资源少的农户，耕地资源多的农户能获得更高的规模经济收益，在面对同样的政策激励和交易成本约束时，对参与奶牛业外部循环种养结合模式之后的潜在收益和额外成本的权衡更加乐观，更有可能参与种养结合模式。劳动力资源包括劳动力数量以及劳动力质量，劳动资源富裕的农户面对外部政策激励和交易成本约束时对政策的认知、理解和掌握程度以及对交易成本约束的解决能力高于劳动力资源匮乏的农户。陈宏伟和穆月英（2022）、王学婷等（2021）发现，外部政策激励对农户环境友好型生产技术采纳行为的促进作用在不同家庭禀赋的农户间存在异质性。畅倩等（2021）发现，行为态度和感知行为控制对农户生态生产意愿与行为悖离的影响在不同专业程度的农户间存在异质性。基于以上分析，本章提出如下研究假说：

H6-3：外部环境刺激对农户参与奶牛业外部循环种养结合模式行为的影响在不同资源禀赋（耕地资源、劳动力资源、物质资源和专业化程度）农户间存在异质性。

基于以上分析，本章构建理论分析框架如图 6-2 所示。

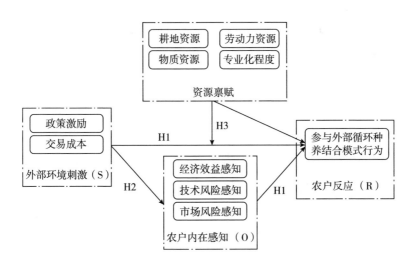

图 6-2　农户参与奶牛业外部循环种养结合模式的理论分析框架

6.2.2 模型设定与变量选择

6.2.2.1 实证模型设定

（1）农户参与外部循环种养结合模式的实证模型。

根据 6.2.1 的理论分析和研究假说，本章构建农户参与外部循环种养结合模式的实证分析模型，共选取 5 类 16 个变量进行实证检验。考虑到因变量为二元离散变量，本书采用 Logit 模型如下：

$$Ln\left(\frac{P_i}{1-P_i}\right) = \beta_0 + \beta_1 IP_i + \beta_2 TC_i + \beta_3 PL_i + \beta_4 Control_i + \varepsilon_i \qquad (6-10)$$

其中，P_i 表示农户 i 参与外部循环种养结合模式的概率；$1-P_i$ 表示农户 i 未参与外部循环种养结合模式的概率；TC_i 表示农户 i 面临的市场交易成本，包括信息搜寻成本、谈判成本和执行成本；IP_i 表示农户 i 对参与外部循环种养结合模式的内在感知，包括经济效益感知、技术风险感知和市场风险感知；PL_i 表示农户 i 所受的政策激励变量，包括参加培训、获得补贴以及加入合作社情况；$Control_i$ 表示农户 i 具备的资源禀赋和受访者个体特征变量，包括耕地资源禀赋、物质资源禀赋、人力资源禀赋、专业化程度等资源禀赋因素和受访者年龄、受教育年限以及是否当过村干部情况等个体特征因素。

（2）内在感知变量的中介效应的实证模型。

为更全面深入分析农户参与外部循环种养结合模式的形成机理，本章借鉴构建内在感知的中介效应模型充分梳理变量之间的关系。首先借鉴 Baron 和 Kenny（1986）的中介效应检验方法构建内在感知中介效应三步法检验模型（6-11）至模型（6-13），表达式如下：

$$Ln\left(\frac{P_i}{1-P_i}\right) = \mu_0 + \mu_1 TC_i/PL_i + \mu_2 Control_i + \pi_i \qquad (6-11)$$

$$IP_i = \rho_0 + \rho_1 TC_i/PL_i + \rho_2 Control_i + \sigma_i \qquad (6-12)$$

$$Ln\left(\frac{P_i}{1-P_i}\right) = \beta_0 + \beta_1 IP_i + \beta_2 TC_i/PL_i + \beta_3 Control_i + \varepsilon_i \qquad (6-13)$$

模型（6-11）中的 $\mu_0 \sim \mu_2$，模型（6-12）中的 $\rho_0 \sim \rho_2$ 和模型（6-13）中的 $\beta_0 \sim \beta_3$ 表示待估计参数，π_i、σ_i 和 ε_i 表示随机扰动项。模型（6-11）至模型（6-13）的参数 μ_1、ρ_1 和 β_1 显著，说明交易成本 TC_i 和政策激励因素 PL_i 通过影响农户内在感知 IP_i 来影响农户参与外部循环种养结合模式决策。如果模型（6-13）中的交易成本 TC_i 或政策激励因素 PL_i 的估计参数 β_2 也显著但小于模型（6-11）的交易成本 TC_i 或政策激励因素 PL_i 的估计参数 μ_1，则说明内在感知 IP_i 起到部分中介作用；如果模型（6-13）中的交易成本 TC_i 或政策激励因素 PL_i 的估计参数 β_2 不显著，则内在感知 IP_i 起到完全中介作用。

6.2.2.2 变量选择及描述性统计分析

表 6-3 是本章变量定义和描述性统计分析结果。

表 6-3 变量定义和描述性统计分析

变量名称	变量定义与赋值	参与（n=214）	未参与（n=400）	T 值
经济效益	农户人均可支配收入（万元/人）	3.995	2.357	1.639***
参与行为	是否参与种养结合模式？（1=是，0=否）	1	0	—
搜寻成本	您获取饲草料种植技术和销售相关信息的难易程度如何？（1=非常容易，2=比较容易，3=一般，4=比较难，5=非常难）	2.000	3.410	-1.410***
谈判成本	农户认识的牧场负责人数量的赋值	-2.995	-0.990	-2.005***
执行成本	农户家庭离最近牧场的距离（公里）	13.922	10.594	3.328*
参加培训	是否参加种养结合相关培训？（1=是，0=否）	0.364	0.142	0.222***
补贴情况	是否获得种养结合补贴？（1=是，0=否）	0.523	0.328	0.196***
合作社情况	是否参加种养结合合作社？（1=是，0=否）	0.327	0.125	0.202***
经济效益感知	您认为种植饲草料的经济效益如何？1=非常低，2=比较低，3=一般，4=比较高，5=非常高	3.397	2.118	1.280***

变量名称	变量定义与赋值	参与 （n=214）	未参与 （n=400）	T 值
市场风险感知	您觉得销售饲草环节的风险怎么样？ 1=非常低，2=比较低，3=一般，4=比较高，5=非常高	2.374	3.703	-1.329***
技术风险感知	您认为种植饲草的技术掌握难度如何？ 1=非常容易，2=比较容易，3=一般，4=比较难，5=非常难	2.341	2.297	0.044
耕地情况	家庭耕地面积（百亩）	1.728	0.662	1.065***
劳动力禀赋	家庭劳动力人数（人）	2.776	2.822	-0.047
物质资本禀赋	家庭农用机械设备价值（万元）	9.511	3.920	5.592***
专业化程度	种养业收入占农户家庭总收入的比重（%）	0.765	0.719	0.046**
受访者年龄	周岁（岁）	51.332	54.432	-3.101***
受教育年限	年	8.523	7.570	0.953***
村干部情况	是否当过村干部（1=是，0=否）	0.252	0.223	0.030

注：*、**和***分别表示10%、5%和1%的显著性水平。

（1）被解释变量。

本章因变量是农户参与外部循环种养结合模式的行为。基于本书第2章的概念界定，外部循环种养结合模式是"农户种植+牧场养殖"的饲草和养殖粪污在牧场和农户之间循环利用的种养业结合模式。本章采用"您是否种植饲草""您种植的饲草是否销售""您种植饲草的时候是否投入粪肥"和"您种植饲草投入的粪肥是否来自牧场"四个问题确定，如果上述是个问题答案均为"是"，本章视为该农户参与外部循环种养结合模式，并赋值为1，否则赋值为0。

（2）核心解释变量。

本章核心解释变量为交易成本和政策激励变量。首先，根据廖文梅（2021）和姚文等（2011）的研究将交易成本变量分为信息成本、谈判成本和执行成本。同时，借鉴 Masayasu Asai（2018）的研究，采用农户饲草销售时获取信息的难易程度、农户认识牧场负责人的数量和最近养殖场的距离分别度量信息成本、谈判成本和执行成本。其中农户认识的牧场负责人的数量越多，销售饲草环节的谈判成本越低，是个反向指标。因此，谈判成本赋值时采用农户认识的牧场负责人数量取负值。其次，为推进畜牧业种养结合模式的发展，政府出台种养结合模式相关培训政策、种养结合补贴政策和激励合作社带动农户参与种养结合模式的政策。因此，本章选择农户是否参加培训、是否获得种养结合补贴以及是否参与合作社等政策激励变量，均为虚拟变量。

（3）中介变量。

本书中介变量为农户内在感知，本章采用农户对参与种养结合模式的经济效益感知、技术风险感知和市场风险感知度量农户内在感知。其中经济效益感知采用"您认为种植饲草料的经济效益如何？1＝非常低，2＝比较低，3＝一般，4＝比较高，5＝非常高"度量，技术风险感知采用"您认为种植饲草的技术掌握难度如何？1＝非常容易，2＝比较容易，3＝一般，4＝比较难，5＝非常难"度量，市场风险感知采用"您觉得销售饲草环节的风险怎么样？1＝非常低，2＝比较低，3＝一般，4＝比较高，5＝非常高"度量。

（4）控制变量。

除了上述核心自变量和中介变量外，还控制了农户家庭资源禀赋和受访者个体特征等变量。农户家庭资源禀赋层面选取耕地资源禀赋、劳动力禀赋、物质资源禀赋和专业程度等变量。受访者个体特征层面选取年龄、受教育程度和是否当过村干部等变量。

6.2.3 实证分析结果

6.2.3.1 基准回归结果

本章中采用方差膨胀因子检验多重共线性问题，结果表明模型中各个变量的 VIF 值不超过 10，VIF 均值为 1.97，通过多重共线性检验。结果显示模型通过联合假设检验，对模型（6-10）进行逐步回归检验的 P 值均小于 0.001，表示模型设定合理。

表 6-4 和表 6-5 是农户内在感知、交易成本、政策激励等因素对农户参与奶牛业外部循环种养结合模式行为的实证检验及边际效应结果。其中列（1）是农户内在感知和控制变量的检验结果，列（2）是农户面临的交易成本和控制变量的检验结果，列（3）是政策激励和控制变量的检验结果，列（4）是农户内在感知、交易成本、政策激励和控制变量的共同检验结果。表 6-4 的列（1）内在感知的检验结果看，农户对种养结合模式的经济效益感知、技术风险感知和市场风险感知显著影响其参与行为决策，农户经济效益感知在 1% 的显著性水平下显著正向影响农户参与种养结合模式的概率，市场风险感知分别在 1% 的显著性水平下显著负向影响农户参与种养结合模式的概率，而技术风险感知未通过 10% 的显著性检验。从表 6-5 列（1）边际效应结果分析，农户经济效益感知增加 1 个单位，农户参与种养结合模式的概率增加 9.7%；而市场风险感知增加 1 个单位，农户参与种养结合模式的概率降低 10.8%。

表 6-4　农户参与外部循环种养结合模式行为的基准回归结果

变量名称	农户参与外部循环种养结合模式行为			
	（1）	（2）	（3）	（4）
经济效益感知	0.790***	—	—	0.572***
	(0.117)			(0.128)
技术风险感知	−0.138	—	—	−0.125
	(0.126)			(0.134)
市场风险感知	−0.885***	—	—	−0.683***
	(0.116)			(0.117)
搜寻成本	—	−0.550***	—	−0.361***
		(0.081)		(0.087)
谈判成本	—	−0.391***	—	−0.189***
		(0.073)		(0.075)
执行成本	—	−0.002	—	−0.005
		(0.006)		(0.005)

续表

变量名称	农户参与外部循环种养结合模式行为			
	（1）	（2）	（3）	（4）
是否参加培训	—	—	0.975*** （0.236）	0.676** （0.332）
是否有补贴	—	—	0.830*** （0.202）	0.459* （0.260）
是否加入合作社	—	—	0.988*** （0.247）	0.661** （1.211）
农牧业收入占比	−0.753* （0.446）	−0.222 （0.414）	−0.157 （0.388）	−0.853* （0.485）
家庭耕地面积	0.987*** （0.200）	0.960*** （0.189）	0.989*** （0.190）	1.004*** （0.202）
家庭耕地面积平方	−0.055*** （0.020）	−0.051*** （0.017）	−0.052*** （0.016）	−0.055*** （0.019）
劳动力禀赋	0.004 （0.121）	−0.066 （0.110）	−0.004 （0.102）	−0.037 （0.130）
物质资源禀赋	0.001 （0.009）	−0.001 （0.011）	−0.007 （0.005）	−0.004 （0.011）
年龄	−0.011 （0.013）	−0.012 （0.012）	−0.021* （0.012）	−0.011 （0.014）
受教育年限	0.085* （0.046）	0.103*** （0.038）	0.051 （0.035）	0.077 （0.047）
是否当过村干部	−0.131 （0.385）	−0.302 （0.264）	−0.359 （0.252）	−0.641* （0.331）
常数项	−0.123 （1.126）	−0.415 （0.939）	−1.315 （0.848）	0.427 （1.211）
样本量	614	614	614	614

注：*、**和***分别表示在10%、5%和1%的水平上通过显著性检验；括号中的数值为稳健标准误。

表 6-5　农户参与外部循环种养结合模式行为的基准回归模型的

边际效应结果（dy/dx）

变量名称	农户参与外部循环种养结合模式行为			
	（1）	（2）	（3）	（4）
经济效益感知	0.097***	—	—	0.061***
	(0.012)			(0.012)
技术风险感知	-0.017	—	—	-0.013
	(0.015)			(0.014)
市场风险感知	-0.108***	—	—	-0.073***
	(0.011)			(0.011)
搜寻成本	—	-0.078***	—	-0.038***
		(0.010)		(0.009)
谈判成本	—	-0.055***	—	-0.020***
		(0.009)		(0.008)
执行成本	—	-0.000	—	-0.000
		(0.001)		(0.001)
是否参加培训	—	—	0.168***	0.072**
			(0.038)	(0.035)
是否有补贴	—	—	0.143***	0.049*
			(0.033)	(0.027)
是否加入合作社	—	—	0.170***	0.070**
			(0.040)	(0.033)
农牧业收入占比	-0.092*	-0.031	-0.027	-0.091*
	(0.054)	(0.058)	(0.067)	(0.051)
家庭耕地面积	0.121***	0.136***	0.170***	0.107***
	(0.054)	(0.025)	(0.030)	(0.021)
家庭耕地面积平方	-0.007***	-0.007***	-0.009***	-0.006***
	(0.002)	(0.002)	(0.003)	(0.002)
劳动力禀赋	0.000	-0.009	-0.001	-0.004
	(0.015)	(0.016)	(0.018)	(0.014)
物质资源禀赋	0.000	0.000	-0.001	-0.000
	(0.001)	(0.002)	(0.001)	(0.001)
年龄	-0.001	-0.002	-0.004*	-0.001
	(0.002)	(0.002)	(0.002)	(0.001)

续表

变量名称	农户参与外部循环种养结合模式行为			
	（1）	（2）	（3）	（4）
受教育年限	0.010* (0.005)	0.015*** (0.005)	0.009 (0.006)	0.008* (0.005)
是否当过村干部	−0.016 (0.035)	−0.043 (0.037)	−0.062 (0.043)	−0.068** (0.035)
样本量	614	614	614	614

注：*、**和***分别表示在10%、5%和1%的水平上通过显著性检验；括号中的数值为稳健标准误。

　　从表6-4列（2）的交易成本检验结果分析，信息搜寻成本和谈判成本在1%的显著性水平下显著负向影响农户参与种养结合模式的概率，而执行成本未通过10%的显著性检验。说明，农户在销售饲草和购买粪肥环节的信息搜寻成本和谈判成本越高，参与种养结合模式的积极性越低。从表6-5列（2）的交易成本边际效应检验结果分析，信息搜寻成本和谈判成本每增加一个单位，农户参与种养结合模式的概率分别降低7.8%和5.5%。因此，交易成本是抑制农户参与种养结合模式的关键外部市场交易因素。

　　从表6-4列（3）的政策激励因素的检验结果看，培训政策、补贴政策和加入合作社等激励政策在1%的显著性水平下显著正向影响农户参与种养结合模式的概率。说明参加种养结合模式培训、获得种养结合补贴和加入种植饲草料种植合作社的农户参与种养结合模式的概率较高，种养结合模式激励政策显著促进农户参与行为。从表6-5列（3）的边际效应分析可知，相比未参加种养结合模式培训、未获得种养结合补贴和未加入种植饲草合作社的农户，参加种养结合模式培训、获得种养结合补贴和加入种植饲草料种植合作社的农户参与种养结合模式的概率分别高16.8%、14.3%和17%，从边际效应系数分析，首先是加入合作社的促进作用最强，其次是参加种养结合模式培训，最后是获得种养结合补贴。

　　从表6-4列（4）综合模型的检验结果看，经济效益感知和市场风险

•　**167**　•

感知在1%的显著性水平下分别显著正向和负向影响农户参与外部循环种养结合模式。但技术风险感知未通过10%的显著性检验。信息搜寻成本和谈判成本在1%的显著性水平下显著负向影响农户参与种养结合模式，而执行成本没有通过10%的显著性检验。但从表6-5列（4）边际效应系数分析，交易成本的检验系数均有所下降。培训政策、补贴政策和加入合作社等激励政策分别在5%、10%和5%的显著性水平下显著正向影响农户参与外部循环种养结合模式。而且表6-4的列（2）交易成本和列（3）政策激励变量与列（4）交易成本和政策激励变量的回归结果看，综合模型的交易成本变量和政策激励变量的检验系数或显著性水平有所下降，说明交易成本、政策激励和农户内在感知变量间可能存在复杂的交互或中介效应。

从表6-4列（4）的农户资源禀赋的检验结果看，劳动力资源禀赋和物质资源禀赋未通过10%的显著性检验，农牧业收入占比在10%的显著性水平下显著负向影响农户参与种养结合模式。而家庭耕地面积的一次项和二次项在1%的显著性水平下分别显著正向和负向影响农户参与种养结合模式，说明农户家庭耕地面积与其参与种养结合模式行为呈倒"U"型关系。农户耕地面积较少时，随着耕地面积的扩大，农户参与种养结合模式的概率提高；但耕地面积扩大到一定水平之后，随着耕地面积的扩大，农户参与种养结合模式的概率随之降低。从表6-5列（4）综合模型的边际效应检验结果分析，当农户耕地面积较少时，耕地面积每增加100亩，农户参与种养结合模式的概率提高10.7%；但耕地面积扩大到一定水平之后，耕地面积每增加100亩，农户参与种养结合模式的概率降低0.6%。从受访者个体特征的检验结果看，年龄和受教育年限未通过10%的显著性检验，而受访者是否当过村干部变量在10%的显著性水平下显著负向影响农户参与种养结合模式。

6.2.3.2　中介效应检验

（1）交易成本的中介效应检验。

基于6.2.1.2的理论分析，农户面临的交易成本不仅直接影响农户参与奶牛业外部循环种养结合模式决策，而且还会通过影响农户内在感知间接影响农户参与种养结合模式的行为决策。本章借鉴 Baron 和 Kenny（1986）的做法，采用三步法回归的中介效应模型检验交易成本对农户种养结合模式参与决策的直接和间接影响，检验结果如表 6-6 所示。

表 6-6　农户参与外部循环种养结合模式行为的交易成本中介效应检验结果

变量名称	参与行为：模型（6-11）	模型（6-11）的 dy/dx	中介效应模型（6-12）			参与行为：模型（6-13）	模型（6-13）的 dy/dx
			经济效益感知	技术风险感知	市场风险感知		
经济效益感知	—	—	—	—	—	0.603 *** (0.121)	0.067 *** (0.012)
技术风险感知	—	—	—	—	—	-0.127 (0.125)	-0.014 (0.014)
市场风险感知	—	—	—	—	—	-0.729 *** (0.118)	-0.081 *** (0.011)
搜寻成本	-0.550 *** (0.081)	-0.078 *** (0.010)	-0.263 *** (0.032)	-0.049 * (0.027)	0.178 *** (0.032)	-0.363 *** (0.085)	-0.040 *** (0.009)
谈判成本	-0.391 *** (0.073)	-0.055 *** (0.009)	-0.098 *** (0.027)	0.008 (0.016)	0.136 *** (0.021)	-0.220 *** (0.075)	-0.024 *** (0.008)
执行成本	-0.002 (0.006)	-0.000 (0.001)	0.001 (0.002)	0.008 *** (0.002)	-0.000 (0.003)	-0.002 (0.006)	-0.000 (0.001)
农牧业收入占比	-0.222 (0.414)	-0.031 (0.058)	0.217 (0.169)	0.277 ** (0.140)	-0.377 ** (0.165)	-0.737 (0.477)	-0.081 (0.052)
家庭耕地面积	0.960 *** (0.189)	0.136 *** (0.025)	0.109 (0.076)	-0.115 * (0.067)	-0.088 (0.075)	0.984 *** (0.201)	0.109 *** (0.022)
家庭耕地面积平方	-0.051 *** (0.017)	-0.007 *** (0.002)	-0.009 (0.007)	0.009 (0.006)	0.003 (0.006)	-0.056 *** (0.019)	-0.006 *** (0.002)
劳动力禀赋	-0.066 (0.110)	-0.009 (0.016)	-0.066 (0.047)	-0.048 (0.038)	0.041 (0.044)	-0.019 (0.125)	-0.002 (0.014)
物质资源禀赋	0.001 (0.011)	0.000 (0.002)	0.000 (0.002)	-0.000 (0.002)	0.001 (0.002)	0.004 (0.011)	0.000 (0.001)
年龄	-0.012 (0.012)	-0.002 (0.002)	-0.006 (0.005)	-0.004 (0.005)	0.004 (0.005)	-0.009 (0.013)	-0.001 (0.001)

续表

| 变量名称 | 参与行为：模型（6-11） | 模型（6-11）的 dy/dx | 中介效应模型（6-12） | | | 参与行为：模型（6-13） | 模型（6-13）的 dy/dx |
			经济效益感知	技术风险感知	市场风险感知		
受教育年限	0.103*** (0.038)	0.015*** (0.005)	0.001 (0.015)	0.005 (0.014)	-0.016 (0.015)	0.093** (0.047)	0.010** (0.005)
是否当过村干部	-0.302 (0.264)	-0.043 (0.037)	0.087 (0.111)	-0.020 (0.095)	0.103 (0.108)	-0.335 (0.313)	-0.037 (0.034)
常数项	-0.415 (0.939)	—	3.423*** (0.377)	2.578*** (0.326)	3.059*** (0.363)	0.416 (1.166)	—
样本量	614	614	614	614	614	614	614

注：*、**和***分别表示在10%、5%和1%的水平上通过显著性检验；括号中的数值为稳健标准误。

表6-6中介效应模型的检验结果分析，第一步，模型（6-11）的回归结果显示，搜寻成本和谈判成本在1%的显著性水平下显著负向影响农户参与种养结合模式的概率，即中介效应存在的第一个条件得到满足。第二步，从模型（6-12）的检验结果看，信息搜寻成本和谈判成本在1%的显著性水平下分别显著负向和正向影响农户经济效益感知和市场风险感知，但执行成本对农户经济效益感知和市场风险感知的影响未通过10%的显著性检验。同时，信息搜寻成本和执行成本分别在10%和1%的显著性水平下分别负向和正向影响技术风险感知。即农户面临的信息搜寻成本和谈判成本可能通过影响农户对种养结合模式的经济效益感知和市场风险感知的路径来影响农户参与行为，执行成本可能通过技术风险感知的路径影响农户参与种养结合模式行为。第三步，模型（6-13）的回归结果显示，农户经济效益感知和市场风险感知分别在1%的显著性水平下分别正向和负向影响农户参与种养结合模式的概率，但技术风险感知未通过10%的显著性检验，说明经济效益感知和市场风险感知在交易成本影响农户参与种养结合模式行为过程中起到中介作用，但技术风险感知未起到中介作用。从模型（6-13）的回归系数分析，信息成本和谈判成本在1%的

显著性水平下显著负向影响农户参与种养结合模式的概率，但与模型（6-11）的回归系数相比，模型（6-13）中的信息搜寻成本和谈判成本的回归系数显著下降。这说明，农户经济效益感知和市场风险感知在信息搜寻成本和谈判成本对农户参与种养结合模式的负向影响中起到部分中介作用。本章假说 H6-3 得到验证。

表6-7 是采用 Breen Karlson 和 Holm（2011）方法（KHB 方法）和 Bootstrap 法对信息搜寻成本和谈判成本对农户参与种养结合模式行为的总效应、直接效应、中介效应值以及显著性水平的检验结果。从 KHB 方法的检验结果来看，信息搜寻成本和谈判成本通过经济效益感知和市场风险感知的中介效应系数通过 1% 的显著性检验，且中介效应占总效应的比重分别为 44.89% 和 40.66%。验证了信息搜寻成本和谈判成本通过影响农户经济效益感知和市场风险感知来影响农户参与种养结合模式的概率，与三步法检验结果一致。本章还采用随机抽取 500 次样本进行 Bootstrap 法检验经济效益感知和市场风险感知的中介效应。从检验结果看，BootCI 中不包含 0，表示 Bootstrap 法检验中介效应具有统计学意义，且中介效应系数为 -0.286，P 值小于 0.001，验证了信息搜寻成本和谈判成本通过农户经济效益和市场风险感知来影响农户参与种养结合模式决策的中介路径的存在。

表6-7 KHB 法和 Bootstrap 法检验交易成本的中介效应结果

变量名称		总效应	中介效应		直接效应	直接效应比例（%）	中介效应比例（%）
			经济效益感知	市场风险感知			
KHB 法	搜寻成本	-0.636***(0.089)	-0.156***(0.037)	-0.130***(0.031)	-0.351***(0.083)	55.11	44.89
	谈判成本	-0.833***(0.075)	-0.057***(0.019)	-0.098***(0.022)	-0.227***(0.075)	59.34	40.66
Bootstrap	交易成本	—	-0.286***(0.049)		—	—	—

注：*、**和***分别表示在10%、5%和1%的水平上通过显著性检验。

（2）政策激励的中介效应检验。

基于本章 6.2.1.2 的理论分析，政策激励因素不仅直接影响农户参与奶牛业外部循环种养结合模式行为，而且还会通过影响农户内在感知间接影响农户参与种养结合模式的行为。本章借鉴 Baron 和 Kenny（1986）的做法，采用三步法回归的中介效应模型检验政策激励对农户种养结合模式参与决策的直接和间接影响，检验结果如表 6-8 所示。

表 6-8　农户参与外部循环种养结合模式行为的政策激励的中介效应检验结果

变量名称	参与行为：模型(6-11)	模型(6-11)的dy/dx	中介效应模型（6-12）			参与行为：模型(6-13)	模型(6-13)的dy/dx
			经济效益感知	技术风险感知	市场风险感知		
经济效益感知	—	—	—	—	—	0.768 *** (0.123)	0.089 *** (0.012)
技术风险感知	—	—	—	—	—	-0.148 (0.131)	-0.017 (0.015)
市场风险感知	—	—	—	—	—	-0.815 *** (0.114)	-0.095 *** (0.012)
是否参加培训	0.975 *** (0.236)	0.168 *** (0.038)	0.514 *** (0.133)	0.097 (0.088)	-0.358 *** (0.129)	0.707 ** (0.301)	0.082 ** (0.035)
是否获得补贴	0.830 *** (0.202)	0.143 *** (0.033)	0.417 *** (0.103)	0.158 ** (0.078)	-0.263 *** (0.100)	0.477 * (0.251)	0.055 * (0.029)
是否加入合作社	0.988 *** (0.247)	0.170 *** (0.040)	0.137 (0.125)	-0.049 (0.094)	-0.517 *** (0.133)	0.819 *** (0.280)	0.095 *** (0.031)
农牧业收入占比	-0.157 (0.388)	-0.027 (0.067)	0.225 (0.181)	0.255 * (0.142)	-0.405 ** (0.177)	-0.903 * (0.476)	-0.105 * (0.054)
家庭耕地面积	0.989 *** (0.190)	0.170 *** (0.030)	0.194 ** (0.078)	-0.069 (0.068)	-0.154 ** (0.074)	1.005 *** (0.207)	0.117 *** (0.023)
家庭耕地面积平方	-0.052 *** (0.016)	-0.009 *** (0.003)	-0.015 ** (0.007)	0.007 (0.007)	0.007 (0.006)	-0.053 *** (0.020)	-0.006 *** (0.002)
劳动力禀赋	-0.004 (0.102)	-0.001 (0.018)	-0.031 (0.050)	-0.051 (0.038)	0.020 (0.048)	-0.009 (0.125)	-0.001 (0.015)
物质资源禀赋	-0.007 (0.005)	-0.001 (0.001)	-0.001 (0.002)	-0.001 (0.002)	0.003 * (0.002)	-0.006 (0.007)	-0.001 (0.001)

续表

变量名称	参与行为：模型（6-11）	模型（6-11）的 dy/dx	中介效应模型（6-12）			参与行为：模型（6-13）	模型（6-13）的 dy/dx
			经济效益感知	技术风险感知	市场风险感知		
年龄	-0.021* （0.012）	-0.004* （0.002）	-0.012** （0.005）	-0.008* （0.005）	0.008 （0.005）	-0.014 （0.014）	-0.002 （0.002）
受教育年限	0.051 （0.035）	0.009 （0.006）	-0.006 （0.017）	0.002 （0.014）	-0.007 （0.016）	0.066 （0.047）	0.008 （0.005）
是否当过村干部	-0.359 （0.252）	-0.062 （0.043）	0.030 （0.122）	-0.033 （0.097）	0.161 （0.123）	-0.485 （0.305）	-0.056 （0.035）
常数项	-1.315 （0.848）	—	2.708*** （0.388）	2.692*** （0.310）	3.479*** （0.359）	-0.239 （1.143）	—
样本量	614	614	614	614	614	614	614

注：*、**和***分别表示在10%、5%和1%的水平上通过显著性检验；括号中的数值为稳健标准误。

表6-8中介效应模型的检验结果分析，第一步，模型（6-11）的回归结果显示，是否参加培训、是否获得补贴和是否加入合作社在1%的显著性水平下显著正向影响农户参与种养结合模式的概率，即中介效应存在的第一个条件得到满足。第二步，从模型（6-12）的检验结果来看，参加培训和获得补贴在1%的显著性水平下显著正向影响农户经济效益感知，参加培训、获得补贴和加入合作社情况在1%的显著性水平下显著负向影响农户市场风险感知，获得补贴情况在5%的显著性水平正向影响农户技术风险感知。说明农户内在感知在政策激励对农户参与种养结合模式的影响中起到中介作用。第三步，模型（6-13）的回归结果显示，农户经济效益感知和市场风险感知在1%的显著性水平下分别正向和负向影响参与种养结合模式的概率，且是否参加培训、是否获得补贴和是否加入合作社变量在模型（6-13）的回归系数小于模型（6-11），说明农户经济效益感知和市场风险感知在农户是否参加培训、是否获得补贴和是否加入合作社等政策激励变量对农户参与种养结合模式概率的正向影响中起到部分中介作用。本章假说 H6-3 得到验证。

表 6-9 是采用 Breen Karlson 和 Holm（2011）方法（KHB 方法）和 Bootstrap 法对政策激励变量对农户参与种养结合模式行为的总效应、直接效应、中介效应值以及显著性水平的检验结果。

表 6-9　KHB 法和 Bootstrap 法检验政策激励的中介效应结果

变量名称		总效应	中介效应		直接效应	直接效应比例（%）	中介效应比例（%）
			经济效益感知	市场风险感知			
KHB 法	参加培训	1.377*** (0.306)	0.386** (0.117)	0.293** (0.112)	0.698** (0.300)	50.67	49.33
	获得补贴	0.998*** (0.255)	0.313* (0.091)	0.215* (0.087)	0.470* (0.249)	47.09	52.91
	加入合作社	1.357*** (0.280)	0.103* (0.094)	0.424* (0.122)	0.830*** (0.279)	61.18	38.82
Bootstrap	政策激励	—	0.679*** (0.192)		—	—	—

注：*、** 和 *** 分别表示在 10%、5% 和 1% 的水平上通过显著性检验。

从 KHB 方法的检验结果来看，参加培训、获得补贴情况和加入合作社的总效应通过 1% 的显著性检验，说明参加培训、获得补贴情况和加入合作社等政策激励变量能显著促进农户参与种养结合模式行为。从中介效应和直接效应检验结果分析，参加培训的中介效应系数通过 5% 的显著性检验，而获得补贴情况和加入合作社的中介效应系数通过 10% 的显著性检验，说明参加培训、获得补贴情况和加入合作社等政策激励变量部分通过农户经济效益感知和市场风险感知促进农户参与行为。与三步法检验结果基本一致。本章还采用随机抽取 500 次样本进行 Bootstrap 法检验内在感知的中介效应。从检验结果看，BootCl 中不包含 0，表示 Bootstrap 方法检验中介效应具有统计学意义，且中介效应系数为 0.679，P 值小于 0.001，验证了政策激励通过农户经济效益感知和市场风险感知来影响农户参与种养结合模式决策的中介路径的存在。

6.2.3.3　稳健性检验

为了检验基准回归和中介效应检验结果的稳健性，本章采用更换因变量和自变量方式进行稳健性检验。

（1）更换被解释变量。

本章将农户种植饲草行为作为参与种养结合模式的替代变量，进行稳健性检验，表6-10是基准回归稳健性检验结果，表6-11是采用三步法的检验交易成本和政策激励通过农户内在感知影响农户行为的中介效应结果，表6-12是采用 KHB 方法检验中介效应的结果。

从表6-10基准回归模型稳健性检验结果来看，用将农户种植饲草行为作为农户参与外部循环种养结合模式的替代变量之后农户内在感知、交易成本、政策激励等核心解释变量和农户资源禀赋、个体特征等控制变量的检验系数以及显著性水平基本与表6-4基准回归的结果保持一致。

表6-10　变更被解释变量的基准回归稳健性检验

变量名称	农户种植饲草行为			
	（1）	（2）	（3）	（4）
经济效益感知	0.727 *** （0.072）	—	—	0.609 *** （0.076）
技术风险感知	−0.025 （0.076）	—	—	0.023 （0.078）
市场风险感知	−0.637 *** （0.077）	—	—	−0.537 *** （0.081）
搜寻成本	—	−0.310 *** （0.046）	—	−0.171 *** （0.055）
谈判成本	—	−0.389 *** （0.044）	—	−0.271 *** （0.049）
执行成本	—	0.004 （0.003）	—	0.001 （0.003）
是否参加培训	—	—	0.620 *** （0.137）	0.469 ** （0.210）

续表

变量名称	农户种植饲草行为			
	(1)	(2)	(3)	(4)
是否有补贴	—	—	0.412*** (0.114)	0.016 (0.172)
是否加入合作社	—	—	0.407*** (0.147)	0.037 (0.213)
农牧业收入占比	0.201 (0.321)	0.405 (0.251)	0.382 (0.238)	0.287 (0.341)
家庭耕地面积	0.657*** (0.122)	0.557*** (0.116)	0.542*** (0.104)	0.636*** (0.131)
家庭耕地面积平方	-0.050*** (0.010)	-0.039*** (0.011)	-0.038*** (0.009)	-0.048*** (0.012)
劳动力禀赋	0.021 (0.074)	-0.017 (0.067)	0.008 (0.058)	0.005 (0.081)
物质资源禀赋	-0.000 (0.002)	0.001 (0.006)	-0.003 (0.003)	-0.001 (0.005)
年龄	-0.011 (0.008)	-0.041* (0.007)	-0.015** (0.007)	-0.013 (0.009)
受教育年限	-0.008 (0.027)	0.015 (0.023)	-0.008 (0.020)	-0.010 (0.029)
是否当过村干部	-0.038 (0.174)	-0.174 (0.152)	-0.139 (0.141)	-0.335* (0.196)
常数项	-0.298 (0.671)	-0.183 (0.550)	-0.552 (0.462)	-0.255 (0.736)
样本量	614	614	614	614

注：*、**和***分别表示在10%、5%和1%的水平上通过显著性检验；括号中的数值为稳健标准误。

表6-11和表6-12是被解释变量为农户种植饲草行为时，采用三步法和KHB方法检验交易成本和政策激励通过农户内在感知影响参与行为的中介效应结果。从表6-11和表6-12检验结果来看，将被解释变量更换成农户种植饲草行为之后，无论是三步法还是KHB方法检验中介效应的结果基本与6.2.3.2中介效应检验结果保持一致，说明本章中介效应检验是稳健的。

表 6-11 变更被解释变量的三步法中介效应检验的稳健性检验结果

变量名称	农户种植饲草行为				农户种植饲草行为			
	中介效应模型（6-12）			模型（6-13）	中介效应模型（6-12）			模型（6-13）
	经济效益感知	技术风险感知	市场风险感知		经济效益感知	技术风险感知	市场风险感知	
经济效益感知	—	—	—	0.624 *** (0.073)	—	—	—	0.710 *** (0.073)
技术风险感知	—	—	—	0.020 (0.077)	—	—	—	-0.026 (0.077)
市场风险感知	—	—	—	-0.528 *** (0.080)	—	—	—	-0.625 *** (0.077)
搜寻成本	-0.263 *** (0.032)	-0.049 * (0.027)	0.178 *** (0.032)	-0.170 *** (0.055)	—	—	—	—
谈判成本	-0.098 *** (0.027)	0.008 (0.016)	0.136 *** (0.021)	-0.275 *** (0.048)	—	—	—	—
执行成本	0.001 (0.002)	0.008 *** (0.002)	-0.000 (0.003)	0.001 (0.003)	—	—	—	—
是否参加培训	—	—	—	—	0.514 *** (0.133)	0.097 (0.088)	-0.358 *** (0.129)	0.483 ** (0.192)
是否有补贴	—	—	—	—	0.417 *** (0.103)	0.158 ** (0.078)	0.263 *** (0.100)	0.090 (0.154)
加入合作社	—	—	—	—	0.137 (0.125)	-0.049 (0.094)	0.517 *** (0.133)	0.217 (0.173)
农户资源禀赋	控制	控制	控制	控制	控制	控制	控制	控制
个体特征	控制	控制	控制	控制	控制	控制	控制	控制
样本量	614	614	614	614	614	614	614	614

注：*、**和***分别表示在10%、5%和1%的水平上通过显著性检验。

表6-12　变更因变量的 KHB 法检验中介效应结果

| 变量名称 | 农户种植饲草行为 | | | | 变量名称 | 农户种植饲草行为 | | | |
| | 总效应 | 中介效应 | | 直接效应 | | 总效应 | 中介效应 | | 直接效应 |
		经济效益感知	市场风险感知				经济效益感知	市场风险感知	
搜寻成本	-0.430***	-0.165***	-0.094***	-0.171***	参加培训	1.068***	0.363**	0.224**	0.481**
	(0.063)	(0.028)	(0.022)	(0.054)		(0.196)	(0.100)	(0.084)	(0.192)
谈判成本	-0.407***	-0.061***	-0.072***	-0.275***	获得补贴	0.547***	0.294*	0.164*	0.088
	(0.050)	(0.018)	(0.015)	(0.048)		(0.147)	(0.078)	(0.065)	(0.154)
执行成本	0.002	0.001	0.000	0.001	加入合作社	0.642***	0.097*	0.323*	0.222
	(0.003)	(0.001)	(0.001)	(0.003)		(0.177)	(0.088)	(0.091)	(0.175)

注：*、**和***分别表示在10%、5%和1%的水平上通过显著性检验。

（2）更换解释变量。

本章核心解释变量的交易成本变量由信息搜寻成本、谈判成本和执行成本构成，政策激励变量由参加培训、获得补贴和加入合作社变量构成，农户内在感知由经济效益感知、技术风险感知和市场风险感知构成。因此，本章采用主成分分析方法构建交易成本、政策激励和内在感知的综合指标进行稳健性检验。

表6-13是基准回归模型稳健性检验结果，表6-14和表6-15分别是三步法和 KHB 法检验的中介效应结果。从表6-13的结果分析，内在感知、交易成本和政策激励综合指标在1%的显著性水平下分别正向、负向和正向影响农户参与种养结合模式的概率。从综合模型（6-13）的回归结果来看，内在感知、交易成本和政策激励变量在1%的显著性水平下分别正向、负向和正向影响农户参与种养结合模式的概率。但回归系数分析，模型（6-10）和模型（6-11）相比，农户内在感知、交易成本和政策激励变量的显著性水平虽然没有显著下降，但系数有所下降，说明交易成本、政策激励对农户参与行为的影响不仅存在直接路径，可能还存在间接路径。该结论与6.2.3.1基准回归结论基本保持一致，说明本章基准回归模型是稳健的。

表 6-13 变更解释变量的基准回归稳健性检验

变量名称	农户参与外部循环种养结合模式行为			
	(1)	(2)	(3)	(4)
内在感知综合指标	1.524***	—	—	1.246***
	(0.159)			(0.194)
交易成本综合指标	—	-1.821***	—	-1.449***
		(0.230)		(0.216)
政策激励综合指标	—	—	0.752***	0.625***
			(0.113)	(0.131)
农牧业收入占比	-0.194	-0.128	-0.196	-0.591
	(0.382)	(0.367)	(0.377)	(0.445)
家庭耕地面积	0.944***	1.093***	0.981***	1.110***
	(0.197)	(0.176)	(0.186)	(0.201)
家庭耕地面积平方	-0.050***	-0.056***	-0.052***	-0.061***
	(0.019)	(0.016)	(0.016)	(0.018)
劳动力禀赋	0.031	-0.084	-0.015	-0.069
	(0.106)	(0.104)	(0.100)	(0.116)
物质资源禀赋	0.002	-0.001	-0.005	-0.004
	(0.009)	(0.012)	(0.005)	(0.009)
年龄	-0.010	-0.022*	-0.020*	-0.018
	(0.012)	(0.012)	(0.012)	(0.013)
受教育年限	0.083**	0.078**	0.064*	0.067
	(0.038)	(0.035)	(0.034)	(0.041)
是否当过村干部	-0.066	-0.147	-0.220	-0.490*
	(0.247)	(0.248)	(0.240)	(0.283)
常数项	-1.678*	-0.810	-1.394*	-1.265
	(0.885)	(0.851)	(0.820)	(0.968)
样本量	614	614	614	614

注：*、**和***分别表示在10%、5%和1%的水平上通过显著性检验；括号中的数值为稳健标准误。

表 6-14 和表 6-15 是采用三步法和 KHB 法检验交易成本和政策激励综合指标的中介效应的结果。从表 6-14 和表 6-15 的检验结果来看，将交易成本、政策激励和内在感知采用综合指标衡量之后，交易成本综合指

标和政策激励综合指标影响农户参与行为的总效应、直接效应和通过内在
感知综合指标的中介效应通过1%的统计显著性检验，说明交易成本、政
策激励通过农户内在感知的中介路径成立，与6.2.3.2的中介效应检验结
果基本一致，表明本章中介效应检验是稳健的。

表 6-14　更换自变量（综合指标）的三步法中介效应检验结果

变量名称	模型（6-12）：内在感知的综合指标	模型（6-13）：参与行为	模型（6-12）：内在感知的综合指标	模型（6-13）：参与行为
内在感知综合效应	—	1.309*** (0.180)	—	1.453*** (0.170)
交易成本综合效应	−0.277*** (0.045)	−1.508*** (0.228)	—	—
政策激励综合效应	—	—	0.169*** (0.031)	0.646*** (0.121)
农户资源禀赋	控制	控制	控制	控制
个体特征	控制	控制	控制	控制
样本量	614	614	614	614

注：*、**和***分别表示在10%、5%和1%的水平上通过显著性检验；括号中的数值为
稳健标准误。

表 6-15　变更解释变量（综合指标）的 KHB 法中介效应检验结果

交易成本的中介效应			政策激励的中介效应		
总效应	中介效应	直接效应	总效应	中介效应	直接效应
−1.872*** (0.225)	−0.363*** (0.077)	−1.508*** (0.228)	0.891*** (0.127)	0.245*** (0.053)	0.646*** (0.121)

注：*、**和***分别表示在10%、5%和1%的水平上通过显著性检验。

6.2.3.4　异质性检验

交易成本不仅直接和间接路径影响农户参与种养结合模式行为，而且
由于农户资源禀赋的不同，交易成本、政策激励以及内在感知对农户参与
行为的影响可能存在异质性。因此，本章选择农户耕地资源、劳动力资

源、物质资源和专业化程度，并采用中位数或者均值将样本分成资源禀赋富裕和匮乏组，分别检验不同资源禀赋组中交易成本、政策激励以及内在感知对农户参与行为的影响。以此来分析农户参与种养结合模式的决策是否存在资源禀赋的异质性。

（1）耕地资源异质性。

本章采用农户户均耕地面积的中位数将样本分成耕地资源富裕组和耕地资源匮乏组，分组检验交易成本、政策激励以及内在感知对农户参与种养结合模式行为影响的耕地资源禀赋的异质性，如表 6-16 所示，其中列（1）是内在感知的检验结果，列（2）是交易成本检验结果，列（3）是政策激励的检验结果。从列（1）的内在感知的检验结果看，技术风险感知和市场风险感知对农户参与行为的影响在耕地资源富裕和匮乏农户间并不存在显著异质性效应，但经济效益感知则存在显著异质性效应。相比于耕地资源富裕的农户，耕地资源匮乏农户的经济效益感知对其参与行为的促进作用更强。从列（2）的交易成本的检验结果分析，执行成本对农户参与行为的抑制作用在耕地资源禀赋富裕和匮乏农户间并不存在显著异质性效应，但信息搜寻成本和谈判成本则存在显著的异质性效应。相比于耕地资源富裕农户，耕地资源匮乏农户面临相同信息搜寻成本和谈判成本时对农户参与行为的抑制作用更强。从列（3）的政策激励的检验结果分析，在耕地资源富裕组，参加培训在 1% 的显著性水平下显著正向影响农户参与种养结合模式的概率，而在耕地资源匮乏组，参加培训未通过 10% 的显著性检验，说明参加培训政策对耕地富裕农户参与行为的促进作用更强。在耕地资源富裕组，是否获得补贴变量在 1% 的显著性水平下显著正向影响农户参与概率，而在耕地资源匮乏组，是否获得补贴变量在 5% 的显著性水平下显著正向影响农户参与概率，说明相比于耕地资源匮乏农户，是否获得补贴的政策变量对耕地资源富裕农户参与行为的促进作用更强。是否加入合作变量在 5% 的显著性水平下显著正向影响耕地资源富裕农户的参与概率，而在 1% 的显著性水平下显著正向影响耕地资源匮乏农户的参与概率，说明农户是否加入合作对耕地资源匮乏农户参与行为的促进作用更强。

表 6-16　农户参与外部循环种养结合模式行为的耕地资源禀赋异质性检验结果

变量名称	耕地资源富裕组			耕地资源匮乏组		
	（1）	（2）	（3）	（1）	（2）	（3）
经济效益感知	0.620*** (0.157)	—	—	1.096*** (0.184)	—	—
技术风险感知	−0.154 (0.151)	—	—	−0.210 (0.257)	—	—
市场风险感知	−0.931*** (0.154)	—	—	−0.989*** (0.219)	—	—
搜寻成本	—	−0.442*** (0.102)	—	—	−0.906*** (0.146)	—
谈判成本	—	−0.368*** (0.116)	—	—	−0.437*** (0.088)	—
执行成本	—	−0.005 (0.006)	—	—	0.017 (0.014)	—
是否参加培训	—	—	1.510*** (0.341)	—	—	0.101 (0.393)
是否有补贴	—	—	0.790*** (0.269)	—	—	0.803** (0.328)
是否加入合作社	—	—	0.771** (0.360)	—	—	1.504*** (0.354)
农户资源禀赋	控制	控制	控制	控制	控制	控制
个体特征	控制	控制	控制	控制	控制	控制
样本量	306	306	306	308	308	308

注：*、**和***分别表示在10%、5%和1%的水平上通过显著性检验；括号中的数值为稳健标准误。

（2）劳动力资源禀赋异质性。

为检验交易成本、政策激励和内在感知对农户参与种养结合模式的影响是否存在劳动力资源禀赋的异质性，本章采用劳动力资源禀赋的均值将样本分成劳动力资源禀赋富裕组和匮乏组并分组检验，结果如表6-17所示，其中，列（1）是内在感知的检验结果，列（2）是交易成本检验结果，列（3）是政策激励的检验结果。

表 6-17　农户参与外部循环种养结合模式行为的劳动力资源禀赋

异质性检验结果

变量名称	劳动力资源富裕组			劳动力资源匮乏组		
	（1）	（2）	（3）	（1）	（2）	（3）
经济效益感知	0.908*** (0.154)	—	—	0.724*** (0.188)	—	—
技术风险感知	-0.081 (0.185)	—	—	-0.214 (0.188)	—	—
市场风险感知	-0.810*** (0.149)	—	—	-1.027*** (0.190)	—	—
搜寻成本	—	-0.435*** (0.113)	—	—	-0.667*** (0.119)	—
谈判成本	—	-0.456*** (0.108)	—	—	-0.351*** (0.108)	—
执行成本	—	0.003 (0.010)	—	—	-0.002 (0.007)	—
是否参加培训	—	—	1.377*** (0.333)	—	—	0.587* (0.351)
是否有补贴	—	—	0.738** (0.295)	—	—	1.045*** (0.300)
是否加入合作社	—	—	1.142*** (0.334)	—	—	0.839** (0.366)
农户资源禀赋	控制	控制	控制	控制	控制	控制
个体特征	控制	控制	控制	控制	控制	控制
样本量	328	328	328	286	286	286

注：*、**和***分别表示在10%、5%和1%的水平上通过显著性检验；括号中的数值为稳健标准误。

从列（1）的内在感知的检验结果分析，经济效益感知对劳动力资源富裕和匮乏农户的种养结合模式参与行为均起到显著的促进作用，但对劳动禀赋富裕农户的促进作用更强；市场风险感知对劳动力资源富裕和匮乏农户的种养结合模式参与行为均起到显著的抑制作用，但对劳动禀赋匮乏农户的抑制作用更强。从列（2）的交易成本的检验结果分析，信息搜寻成本和谈判成本对劳动力禀赋富裕和匮乏农户的种养结合模式参与行为均起到显著抑制作用，但信息搜寻成本对劳动力资源匮乏农户参与行为的抑制作用更强。从列（3）的政策激励因素的检验结果分析，参加培训和加入合作社变量对劳动力资源富裕农户的外部循环种养结合模式参与行为的促进作用更强，而是否获得补贴变量对劳动力资源匮乏农户参与外部循环种养结合模式行为的促进作用更强。

（3）物质资源禀赋异质性。

为检验交易成本、政策激励和内在感知对农户参与种养结合模式的影响是否存在物质资源禀赋的异质性，本章采用农户拥有机械设备总价的中位数将样本分成物质资源禀赋富裕组和匮乏组并分组检验，结果如表6-18所示，其中，列（1）是内在感知的检验结果，列（2）是交易成本的检验结果，列（3）是政策激励的检验结果。

表6-18　农户参与外部循环种养结合模式行为的物质资源禀赋异质性检验结果

变量名称	物质资源富裕组			物质资源匮乏组		
	（1）	（2）	（3）	（1）	（2）	（3）
经济效益感知	0.696*** (0.151)	—	—	0.924*** (0.181)	—	—
技术风险感知	-0.241 (0.174)	—	—	-0.090 (0.214)	—	—
市场风险感知	-0.822*** (0.150)	—	—	-1.023*** (0.190)	—	—
搜寻成本	—	-0.575*** (0.112)	—	—	-0.552*** (0.126)	—
谈判成本	—	-0.306*** (0.100)	—	—	-0.490*** (0.126)	—
执行成本	—	-0.007 (0.007)	—	—	0.009 (0.010)	—

续表

变量名称	物质资源富裕组			物质资源匮乏组		
	（1）	（2）	（3）	（1）	（2）	（3）
是否参加培训	—	—	1.184*** （0.315）	—	—	0.689* （0.400）
是否有补贴	—	—	0.840*** （0.281）	—	—	0.792** （0.316）
是否加入合作社	—	—	0.986*** （0.344）	—	—	1.023*** （0.371）
农户资源禀赋	控制	控制	控制	控制	控制	控制
个体特征	控制	控制	控制	控制	控制	控制
样本量	307	307	307	307	307	307

注：*、**和***分别表示在10%、5%和1%的水平上通过显著性检验；括号中的数值为稳健标准误。

从列（1）的内在感知的检验结果分析，相比于物质资源富裕组，经济效益感知对物质资源匮乏农户参与行为的促进作用更强，市场风险感知对物质资源匮乏农户参与行为的抑制作用更强。从列（2）的交易成本的检验结果分析，信息搜寻成本对物质资源富裕和匮乏农户参与行为均起到抑制作用，且无显著抑制效应；但谈判成本对物质资源匮乏农户参与行为的抑制作用更强。从列（3）的政策激励的检验结果分析，参加培训、获得补贴以及加入合作社变量对物质资源富裕和匮乏农户参与行为均起到促进作用，但参加培训和获得补贴对物质资源富裕农户参与行为的促进作用更强，而是否加入合作对物质资源匮乏农户的促进作用更强。

（4）专业化程度异质性。

为检验交易成本、政策激励和内在感知对农户参与种养结合模式的影响是否存在专业化程度的异质性，本章采用农牧业收入占比的中位数将样本分为专业化程度高的组和专业化程度低的组并分组检验，结果如表6-19所示，其中，列（1）是内在感知的检验结果，列（2）是交易成本的检验结果，列（3）是政策激励的检验结果。

表6-19 农户参与外部循环种养结合模式行为的专业程度的异质性检验结果

变量名称	专业化程度高的组			专业化程度低的组		
	（1）	（2）	（3）	（1）	（2）	（3）
经济效益感知	0.969 *** (0.193)	—	—	0.813 *** (0.179)	—	—
技术风险感知	-0.280 (0.198)	—	—	0.072 (0.171)	—	—
市场风险感知	-0.973 *** (0.169)	—	—	-0.868 *** (0.166)	—	—
搜寻成本	—	-0.661 *** (0.129)	—	—	-0.473 *** (0.108)	—
谈判成本	—	-0.437 *** (0.083)	—	—	-0.362 *** (0.124)	—
执行成本	—	-0.020 ** (0.009)	—	—	0.005 (0.007)	—
是否参加培训	—	—	1.240 *** (0.364)	—	—	0.691 ** (0.330)
是否有补贴	—	—	0.762 ** (0.296)	—	—	0.869 *** (0.288)
是否加入合作社	—	—	1.024 *** (0.350)	—	—	1.169 *** (0.360)
农户资源禀赋	控制	控制	控制	控制	控制	控制
个体特征	控制	控制	控制	控制	控制	控制
样本量	307	307	307	307	307	307

注：* 、** 和 *** 分别表示在10%、5%和1%的水平上通过显著性检验；括号中的数值为稳健标准误。

从列（1）的内在感知的检验结果分析，经济效益感知对专业化程度高的农户参与行为的促进作用显著高于专业化程度低的农户，市场风险感知对专业化程度高的农户参与行为的抑制作用也高于专业化程度低的农户。从列（2）的交易成本的检验结果分析，信息搜寻成本、谈判成本和执行成本对专业化程度高的农户参与种养结合模式行为的抑制作用显著高于专业化程度低的农户。从列（3）的政策激励的检验结果分析，参加培训对专业化程度高的农户参与行为的促进作用高于专业化程度低的农户，但是否获得补贴和是否加入合作对专业化程度低的农户参与行为的促进作用高于专业化程度高的农户。

6.3　本章小结

本章分析牧场和农户参与"牧场养殖+农户种植"的外部循环种养结合模式的决策行为。本章基于 4.4 外部循环种养结合模式的形成机理分析，首先，选择 SM 牧场作为案例牧场，从环境规制、交易成本以及合作社服务水平视角分析牧场参与外部循环种养结合模式。其次，从交易成本、政策激励、内在感知以及资源禀赋视角理论分析农户参与外部循环种养结合模式的行为，构建理论分析框架并提出研究假说，利用内蒙古呼和浩特市、包头市、巴彦淖尔市、赤峰市和兴安盟 5 个盟市 10 个旗县的614 户农户实地调研数据，采用二元选择 Logit 模型和中介效应模型进行实证检验农户参与外部循环种养结合模式行为，得到如下研究结论：

第一，首先，政府环境规制政策是推动牧场参与外部循环种养结合模式的关键因素。随着国家环境规制政策的趋紧，牧场从种养分离向松散式种养结合模式，又从松散式种养结合模式向紧密型种养结合模式转型。其次，牧场与农户之间的高昂的交易成本是阻碍牧场参与外部循环种养结合模式的关键因素，交易成本越高，牧场越难以实现外部循环种养结合模式。社会化服务组织作为牧场与农户之间的桥梁，降低了牧场与农户之间的交易成本，促进牧场参与外部循环种养结合模式，社会化服务的水平越高，降低的交易成本越多，越能促进牧场参与外部循环种养结合模式。

第二，农户对外部循环种养结合模式的内在感知是农户参与行为的内在驱动因素。经济效益感知在1%的显著性水平下显著正向影响农户参与种养结合模式的概率，而市场风险感知在1%的显著性水平下显著负向影响农户参与外部循环种养结合模式的概率，技术风险感知未通过10%的显著性检验。说明农户经济效益感知能够显著促进农户参与外部循环种养结合模式，而市场风险感知则显著抑制农户参与行为。从边际效应较低分析，农户经济效益感知每增加1个单位，农户参与外部循环种养结合模式行为的概率增加9.7%；而市场风险感知增加1个单位，农户参与外部循环种养结合模式行为的概率降低10.8%。

第三，农户参与外部循环种养结合模式面临的市场交易成本是约束农户参与行为的关键外在因素。农户销售饲草环节的信息搜寻成本和谈判成本在1%的显著性水平下显著负向影响农户参与外部循环种养结合模式的概率，表明农户面临的信息搜寻成本和谈判成本能显著抑制农户参与外部循环种养结合模式。从边际效应的角度分析，农户面临的信息搜寻成本和谈判成本增加1个单位，农户参与外部循环种养结合模式的概率分别降低7.8%和5.5%。

第四，政策激励是促进农户参与外部循环种养结合模式的外部激励因素。参加培训、获得补贴和加入合作社在1%的显著性水平下显著正向影响农户参与外部循环种养结合模式的概率，说明政策激励是促进农户参与外部循环种养结合模式行为的关键外部因素。从边际效应的角度分析，参加培训、获得补贴和加入合作的农户参与外部循环种养结合模式行为的概率分别高于不参加培训、没获得补贴和未参加合作社的农户16.8%、14.3%和17.0%。从边际效益的系数以及显著性角度分析，加入合作社对农户参与行为的促进作用最强，其次是参加培训，最后是获得补贴变量。

第五，农户内在感知在交易成本和政策激励对农户参与行为的抑制和促进关系中起到中介作用。信息搜寻成本和谈判成本抑制农户参与种养结合模式行为的总效应、直接效应和内在感知（经济效益感知和市场风险感知）的中介效应通过1%的显著性检验。经济效益感知和市场风险感知在农户面临的信息搜寻成本和谈判成本对其参与外部循环种养结合模式的抑制效应中起到部分中介作用，且信息搜寻成本和谈判成本的中介效应分别占总效应的44.89%和40.66%。参加培训、获得补贴和加入合作社对农户参与外部循环种养结合模式行为的促进作用中农户经济效益感知和市场风险感知同样起到部分中介作用,且参加培训、获得补贴和加入合作社变量的中介效应分别占总效应的 49.33%、52.91% 和 38.82%。

第六,交易成本、内在感知和政策激励对农户参与种养结合模式行为的促进或抑制作用在不同资源禀赋的农户间存在异质性。经济效益感知和市场风险感知对耕地资源匮乏、物质资源匮乏和专业化程度高的农户参与外部循环种养结合模式行为的影响更强。信息搜寻成本和谈判成本对耕地资源匮乏、劳动力资源匮乏、物质资源匮乏和专业化程度高的农户参与行为的抑制作用更强。参加培训对耕地资源富裕组、劳动力资源富裕组、物质资源富裕组和专业化程度高的农户参与行为的促进作用更强,而参加合作社对耕地资源匮乏组、物质资源匮乏组和专业化程度低的农户参与行为的促进作用更强。

第7章　奶牛业内部和外部循环种养结合模式经济效益的实证检验

本书第4章、第5章、第6章主要分析奶牛业内部和外部循环种养结合模式的形成机理及扎根理论分析和实证分析。然而奶牛业种养结合模式持续健康发展的关键是种养结合模式能否提高参与主体（牧场和农户）的经济效益。因此，本章首先采用QCA的方法分析内部循环种养结合模式实现参与牧场高经济效益的条件组态；其次采用内生转换模型实证检验外部循环种养结合模式能否提升参与和未参与农户的经济效益。

本章的章节安排如下：第一部分是牧场参与内部循环种养结合模式的经济效益实证检验；第二部分是农户参与外部循环种养结合模式的经济效益实证检验；第三部分是本章小结。

7.1　牧场参与内部循环种养结合模式的经济效益实证检验

7.1.1　参与和未参与内部循环种养结合模式牧场的成本收益分析

从本书第5章的研究结论可知，提高经济效益是牧场参与内部循环种养结合模式的主要内部驱动因素。那么，参与内部循环种养结合模式的牧场经济效益是否真的提升呢？表 7-1 是参与和未参与内部循环种养结合模式牧场的成本收益的描述性统计分析结果。

表 7-1　参与和未参与内部循环种养结合模式牧场的成本收益的描述性统计分析

成本收入项目名称	测量单位	种养结合牧场（32）	未种养结合牧场（34）	T 值
单头奶牛的牛奶销售收入	元/头	19162. 30	20100. 96	-938. 66
单头奶牛的奶牛销售收入	元/头	3232. 84	2719. 44	513. 40
单头奶牛的其他收入	元/头	74. 17	39. 99	34. 18
单头奶牛的总收入	元/头	22469. 31	22860. 39	-391. 08
单头奶牛的粗饲料成本	元/头	5982. 41	7121. 37	-1138. 96 **
单头奶牛的精饲料成本	元/头	9091. 29	9819. 10	-727. 81
单头奶牛的人工成本	元/头	1389. 03	1721. 73	-332. 69
单头奶牛的固定资产折旧成本	元/头	1786. 09	1801. 99	-15. 90
单头奶牛的其他成本	元/头	1110. 09	1226. 89	-116. 80
单头奶牛的养殖总成本	元/头	19358. 91	21691. 08	-2332. 17 *
单头奶牛的利润	元/头	3110. 40	1169. 31	1941. 09

注：*、** 和 *** 分别表示 10%、5% 和 1% 的显著性水平。

由表 7-1 可知，从单头奶牛的收入来看，种养结合牧场和未种养结合牧场的单头奶牛的总收入分别为 22469. 31 元和 22860. 39 元，无显著差异。但从养殖成本来看，种养结合牧场单头奶牛的养殖总成本为 19358. 91 元，而未种养结合牧场单头奶牛的养殖总成本为 21691. 08 元，种养结合牧场单头奶牛的养殖总成本低于未种养结合牧场 2332. 17 元，且通过 10% 的显著性检验。从各成本项目的角度分析，单头奶牛的精饲料成本、人工成本、固定资产折旧成本以及其他成本在种养结合牧场和未种养结合牧场间无显著差异；而种养结合牧场和未种养结合牧场单头奶牛养殖总成本的显著差异主要来自粗饲料成本的差异，种养结合牧场单头奶牛的粗饲料成本为 5982. 41 元显著低于未种养结合牧场单头奶牛的粗饲料成本为 7121.37 元。因此，种养结合牧场单头奶牛的净利润（3110.40 元/头）高于未种养结合牧场单头奶牛的净利润（1169.31 元/头）1941.09 元。

种养结合牧场单头奶牛利润的均值高于未种养结合牧场，但并非所有种养结合的牧场都能实现高的经济效益，也并非所有未种养结合的牧场都不能实现高经济效益，表 7-2 是参与和未参与内部循环种养结合模式牧场的单头奶牛利润的分布情况。

表 7-2　参与和未参与内部循环种养结合模式牧场的单头奶牛利润的分布情况

单头奶牛利润（元/头）	≤0	0~2000	2001~4000	4001~6000	6001~8000	≥8001
种养结合牧场数量（家）	9	3	4	6	2	8
未种养结合牧场数量（家）	14	4	2	8	0	6
合计（家）	23	7	6	14	2	14

注：调研数据整理。

由表 7-2 可知，单头奶牛利润小于等于 0 元、0~2000 元、2001~4000 元、4001~6000 元、6001~8000 元和大于等于 8001 元的牧场中种养结合牧场分别有 9 家、3 家、4 家、6 家、2 家和 8 家，占种养结合牧场总样本的比例分别 28.13%、9.37%、12.50%、18.75%、6.25% 和 25.00%；而未种养结合的牧场分别有 14 家、4 家、2 家、8 家、0 家和 6 家，分别占未种养结合牧场的 41.18%、11.76%、5.88%、23.53%、0.00% 和 17.65%。虽然单头奶牛利润高于 4000 元的种养结合牧场的比例（50.00%）略高于未种养结合模式牧场的比例（41.18%），但也有 28.13% 的种养结合牧场处于亏损状态。提高经济效益是牧场参与内部循环种养结合模式的内在驱动力，挖掘内部循环种养结合牧场实现高经济效益的条件以及条件组态是保障奶牛业内部循环种养结合模式健康、可持续发展的关键。故 7.1.2 将从能力维度探讨内部循环种养结合模式的牧场实现高经济效益的条件组态。

7.1.2　内部循环种养结合模式牧场实现高经济效益的条件组态检验

7.1.2.1　内部循环种养结合的牧场实现经济效益的模型构建

提高经济效益是牧场追求的根本目标，而探究提升企业经济效益的前因条件是实务界和理论界关注的核心问题。现有研究认为，资源和能力异质性是导致企业经济效益存在差异的关键因素，并形成了"资源基础观"和"能力基础观"（Zahra 等，2006）。"资源基础观"认为企业拥有的资源的异质性是引致经济效益差异的根本原因（曹红军等，2011），即拥有相同资源的企业的经济效益应当无差异，存在同质性。但蔡文著和汪达（2020）、苏小凤等（2020）和危旭芳（2013）对资源异质性与农业经营主体经济效益的研究结论并不一致，蔡文著和汪达（2020）研究发现资源禀赋对经济效益产生正向促进作用，而危旭芳（2013）发现资源禀赋对经济绩效的促进作用在不同主体间存在显著差异，甚至资源禀赋的促进作用对某些主体内并不显著。而"资源基础观"则无法解释拥有相同资源的主体为什么出现差异化的经济效益的现象。

"能力基础观"认为企业的能力才是提高经济效益的核心因素（Zahra 等，2006）。以林毅夫为代表的新结构经济学理论同样认为自生能力才是企业自立之本，能够使企业在自由、开放、竞争的市场环境中，在不需要外力的扶持保护情况下，获得可预期的正常利润（池泽新等，2022）。现有农业领域的文献主要从创新能力（储勇，2022）、生产能力（郭锦墉等，2019）、行为能力（罗必良和郑燕丽，2012；邹宝玲，2015；曹峥林等，2017；何一鸣，2019）和交易能力（张莉侠等，2018）视角研究农业经营主体的能力对其行为的影响，而对农业经营主体经济效益的关注较少，且现有文献主要采用线性回归方法探究单个能力对行为的净效应，忽视不同能力对行为及其效益的组合效应。

根据自生能力理论，企业的能力主要通过降低交易成本和生产成本的途径提高经济效益（赵馨燕和周晓惠，2014），故生产能力和交易能力是提高企业经济效益的核心能力。因此，本章基于种养结合牧场提高经济效益的现实情况，将牧场能力分为生产能力、产品交易能力和要素交易能力，并构建影响种养结合牧场经济效益的"生产能力—交易能力"的理论模型，如图7-1所示。

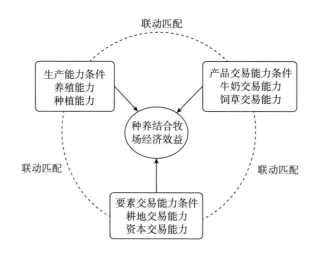

图7-1　内部循环种养结合模式的牧场实现经济效益的理论模型

（1）生产能力条件。

种养结合牧场的生产能力包括养殖能力和种植能力。养殖能力高的牧场可以实现较少的养殖环节投入获得相同牛奶产量，或者相同投入获得较高的牛奶产出量，从而提高牧场的经济效益。同理，种植能力高的牧场同样可以实现较少的种植环节投入获得相同的饲草产量，或者相同投入获得较高的饲草产量，从而降低养殖环节饲草投入成本，进而提高牧场的经济效益。因此，本章选择养殖能力和种植能力两个二级生产能力条件。

（2）产品交易能力条件。

牛奶是牧场最主要的生产产品，而饲草是牧场最主要的投入产品。当种养结合牧场自己种植的饲草无法满足日常经营需求时，牧场选择市场上购买相应数量的饲草。因此，本章选择牛奶交易能力和饲草交易能力两个二级产品交易能力条件。当牧场的牛奶交易能力较强时，能够节约牛奶交易环节的交易成本，获取较高的牛奶交易价格，提高牧场经济效益。同理，当牧场的饲草交易能力较强时，能够节约饲草购买环节的交易成本，获取较低的饲草交易价格，降低养殖环节饲草投入成本，进而提高牧场经济效益。

（3）要素交易能力条件。

资本、土地、劳动力和技术是牧场生产经营过程主要的投入要素，而资本和土地是牧场能否实现种养结合的关键要素。因此，本章选择资本交易能力和耕地交易能力作为要素交易能力的二级条件。具有较高资本和耕地交易能力的牧场在资本和耕地交易环节有效降低交易成本，获得较低的资本和耕地交易价格，降低牧场种植环节的成本投入，提高牧场经济效益。

7.1.2.2 变量选择与研究方法

（1）变量选择。

校准被看作赋予案例集合隶属度的过程。与现有研究校准原则一致，本书根据相关理论与经验知识，采用直接校准法（Ragin 和 Fiss，2008）的 0.95、0.50 和 0.05 的模糊隶属度的方式对条件变量和结果变量进行校准，如表 7-3 所示。

表 7-3 内部循环种养结合牧场实现经济效益的条件和结果变量的校准

条件和结果变量		校准		
		完全隶属	交叉点	完全不隶属
结果变量	单头奶牛利润(元)	14410.260	4116.520	−10893.364
生产能力条件	养殖效率	1.000	0.647	0.230
	种植效率	1.000	0.750	0.480
产品市场交易能力条件	牛奶价格	5.675	3.920	3.000
	饲草价格	74.440	342.240	550.490
要素市场交易能力条件	耕地流转价格	0.000	300.000	800.000
	贷款利率（%）	0.000	6.600	10.256

注：0.95、0.50 和 0.05 的模糊隶属度直接校准。

结果变量（经济效益）：经济效益是本章的结果变量，借鉴侯国庆等（2022）的做法用单头奶牛的利润度量牧场的经济效益。单头奶牛利润的完全隶属、交叉点和完全不隶属的锚点分别为 14410.26 元/头、4116.52 元/头和 -10893.364 元/头。

生产能力条件（养殖能力和种植能力）：对于种养结合牧场而言，牧场的生产能力可分为养殖能力和种植能力，而养殖综合技术效率和种植环节的综合技术效率是牧场养殖能力和种植能力的具体表现形式，养殖能力越高，牧场养殖综合技术效率越高，同样种植能力越高，牧场种植综合技术效率也越高。因此，本章选择当年牧场养殖综合技术效率和种植综合技术效率度量牧场的养殖能力和种植能力。本章采用 DEA 模型测算养殖综合技术效率和种植技术效率，测算养殖效率时的产出变量为单头产奶牛年产奶量，投入变量为单头奶牛粗饲料成本、单头奶牛精饲料使用量、单头奶牛劳动力投入量和单头奶牛固定资产投入成本；测算种植效率时产出变量为每亩青贮玉米产量，投入变量为每亩人工成本、每亩化肥成本、每亩粪肥投入量、每亩机械投入成本以及每亩其他投入成本。由于养殖能力和种植能力与牧场经济效益正相关，因此在进行校准的时候选择正向校准法，即养殖效率和种植效率越高，隶属度越高。由表 7-3 可知，养殖效率和种植效率的完全隶属的锚点均为 1.000，交叉点的锚点分别为 0.647 和 0.750，而完全不隶属的锚点分别为 0.230 和 0.480。

交易能力条件变量（产品交易能力和要素交易能力）：对于种养结合牧场而言，牧场的交易能力可分为产品市场交易能力和要素市场交易能力，其中产品市场交易能力包括牛奶销售的交易能力以及购买饲草的交易能力。而耕地流转和获得流转耕地环节的资金是牧场采纳种养结合模式的关键要素，因此，本章要素市场交易能力重点关注耕地流转能力和资本交易能力。产品和要素的成交价格是交易能力的最终体现形式，因此本书选择牛奶价格、饲草价格、耕地流转价格和贷款利率作为产品交易能力和要素交易能力的衡量指标。其中，牛奶价格与结果变量正相关，饲草价格、耕地流转价格和贷款利率与结果变量负相关。因此，牛奶价格正向校准，完全隶属、交叉点和完全不隶属的锚点分别为 5.675、3.920 和 3.000；而饲草价格、耕地流转价格和贷款利率反向校准，完全隶属、交叉点和完全不隶属的锚点分别为 74.440、0.000、0.000%，342.240、300.000、6.600% 和 550.490、800.000、10.256%。

（2）研究方法。

本书摒弃了基于"自变量—因变量"二元关系的传统统计方法，运用以集合理论为基础的定性比较分析（QCA）方法，尝试在组态视角的基础上分析种养结合牧场实现高经济效益的多元复杂的作用机制。这主要出于以下几点考虑：第一，能力是牧场实现高水平经济效益的关键前因条件，但要揭示种养结合牧场高水平经济效益的实现路径，生产能力（养殖能力和种植能力）、产品交易能力（牛奶销售能力和饲草购买能力）和要素交易能力（耕地流转能力和资本交易能力）等因素的独立作用或两两交互作用的常规统计分析远远不够。与传统的分析技术不同，QCA 分析认为前因条件的相互依赖和不同组合构成了多重并发因果关系（Multiple Conjunctural Causation），这有助于更加深入的理解种养结合的不同牧场间实现高水平经济效益的差异化路径。因此，QCA 方法更适合从整体性关系出发探究诸多因素对种养结合牧场经济效益的作用机制。

第二，种养结合的各牧场提升其经济效益的路径的多样性表明，可能存在前因条件的不同组合存在"殊途同归"的效应。传统的统计分析方法虽能将影响牧场经济效益的相关因素进行统一分析，且一般通过中介变量、调节变量或相对较复杂的中介的调节或调节的中介等方式刻画自变量对因变量的影响机制及路径。但在内在逻辑上只是用自变量的替代关系或累加关系来解释因变量的变异，而非完全等效关系（王凤彬等，2014）。QCA 方法可以识别不同前因条件组合与被解释结果有互不冲突的完全等效性（Fiss，2011）。与传统统计分析方法相比，QCA 方法显然更适于种养结合牧场高经济效益的实现路径的研究。

7.1.2.3　数据分析与实证结果

（1）单个条件的必要性。

采用 fcQCA 方法对种养结合牧场经济效益进行组态分析之前，有必要对单个条件（包括其非集）是否成为种养结合牧场经济效益的必要条件的检验（陶克涛等，2021）。在 QCA 的研究中，结果变量出现时，某个条件始终存在，则说明该条件是结果的必要条件（Ragin 和 Fiss，2008）。条件变量的一致性水平是衡量必要性的重要指标，当一致性水平高于 0.9 时，该条件就是结果的潜在必要条件（Ragin 和 Fiss，2008），需要对其必要性进行进一步检验；当一致性水平低于 0.9 时，则说明该条件并非是结果变量的必要条件。表 7-4 是采用 fcQCA4.0 软件分析的种养结合牧场高经济效益水平和非高经济效益水平的单个条件的必要性检验结果。从表 7-4 可以看出，所有条件一致性水平都低于 0.9，说明所有变量单独并不能成为种养结合牧场高和非高经济效益水平的必要条件。

表 7-4　内部循环种养结合模式牧场实现经济效益的单个条件必要性分析

条件变量	高经济效益水平		低经济效益水平	
	一致性	覆盖度	一致性	覆盖度
高养殖效率	0.789	0.737	0.606	0.575
非高养殖效率	0.545	0.577	0.723	0.777
高种植效率	0.671	0.610	0.709	0.655
非高种植效率	0.620	0.677	0.577	0.641
高牛奶价格	0.739	0.768	0.665	0.701
非高牛奶价格	0.713	0.676	0.780	0.752
高饲草价格	0.614	0.636	0.652	0.685
非高饲草价格	0.696	0.663	0.654	0.633
高耕地流转价格	0.686	0.670	0.599	0.595
非高耕地流转价格	0.586	0.590	0.668	0.684
高贷款利率	0.792	0.784	0.637	0.641
非高贷款利率	0.638	0.634	0.785	0.793

注：一致性高于 0.9，表明存在单个必要条件，否则不存在单个必要条件。

（2）条件组态的充分性。

与上述单个条件的必要性分析不同，条件组态的分析试图揭示多个条件构成的组态触及结果发生的充分性（陶克涛等，2021）。检验条件组态充分性的关键指标仍然是一致性水平，但在条件组态的分析中可接受的一致性最低标准与单个条件必要性的分析有所不同。条件组态充分性的一致性水平通常大于 0.75（Schneider 和 Wagemann，2012），但由于研究样本不同，现有研究确定的一致性阈值存在差异，如张明和杜运周（2019）确定的一致性的阈值为 0.76、陶克涛等（2021）的研究确定为0.8、赵云辉等（2020）的研究确定为 0.89，而张放（2023）的研究确定为 0.9。频数阈值一般情况下根据样本量进行确定（Schneider 和 Wagemann，2012），小样本的频数阈值可以确定为 1，但大样本的频数阈值可以设定为大于 1（张明和杜运周，2019）。本书根据现有研究以及对案例牧场的了解，一致性的阈值和频数的阈值设定为 0.8 和 1，最后涵盖23 个样本。构建真值表后，由于种养结合牧场的生产能力、产品交易能力以及要素交易能力条件对其高经济效益的作用难以统一判断，所以不进行方向预设，全部选择"存在或缺失"，最终得到简单解、中间解和复杂解三种解。并借鉴张放（2023）的研究，以中间解为主，简单解为辅的方式确定每个组态的核心条件和边缘条件，最终获得 7 种组态，5 种类型，如表 7-5 所示。

表 7-5　内部循环种养结合牧场实现高经济效益的组态分析

	养殖能力驱动型		耕地交易能力驱动型		养殖能力和产品交易能力驱动型	产品交易能力驱动型	养殖能力和耕地交易能力驱动型
	组态 1	组态 2	组态 3	组态 4	组态 5	组态 6	组态 7
养殖效率	●	●	—	○	●	○	●
种植效率	○	●	⊗	⊗	●	—	⊗
牛奶价格	—	○	●	○	●	●	○

续表

	养殖能力 驱动型		耕地交易 能力 驱动型		养殖能力 和产品 交易能力 驱动型	产品交易 能力 驱动型	养殖能力 和耕地 交易能力 驱动型
	组态1	组态2	组态3	组态4	组态5	组态6	组态7
饲草价格	○	●	●	○	⊗	⊗	●
耕地价格	○	—	●	●	●	⊗	●
贷款利率	●	●	●	○	—	○	○
一致性水平	0.919	0.891	0.940	0.908	0.939	0.796	0.919
原始覆盖度	0.336	0.362	0.284	0.230	0.290	0.282	0.229
唯一覆盖度	0.018	0.091	0.051	0.011	0.022	0.056	0.006
解的一致性	—	—	—	0.850	—	—	—
解的覆盖度	—	—	—	0.795	—	—	—

注：●或•表示该条件存在，⊗或○表示该条件不存在；●或⊗表示核心条件，•或○表示边缘条件；—表示条件可存在也可不存在。

由表7-5可知，不论单个组态还是总体解的一致性水平都高于可接受的最低标准0.75，其中总体解的一致性水平0.850，覆盖度为0.795。表7-5中的7种组态可视为种养结合牧场实现高经济效益的充分条件组合。组态1表明，养殖效率起到核心作用，贷款利率起到辅助作用，该组态的一致性为0.919，原始覆盖度为0.336，唯一覆盖度为0.018，说明该路径能够解释约33.6%的实现高经济绩效的种养结合牧场案例，且约1.8%的实现高经济效益的种养结合牧场仅被该路径所解释。而组态2表明，养殖效率起到核心作用，贷款利率、种植效率和饲草价格起到辅助作用，该组态的一致性为0.891，原始覆盖度为0.362，唯一覆盖度为0.091，说明该路径能够解释约36.2%的已实现高经济绩效的种养结合牧场案例，且约9.1%的实现高经济效益的种养结合牧场仅被该路径所解释。且对比分析组态1和组态2发现，只要存在养殖效率和贷款利率两个条件，其他条件对种养结合牧场实现高经济效益无关紧要，即只要牧场的养殖能力和资本交易能力较强，就能够克服种植能力、产品交易能力以及耕地交易能力不足的弱点，实现较高的经济效益。而且在组态 1 和组态 2 中养殖能力发挥核心驱动作用，因此我们将组态 1 和组态 2 命名为"养殖能力驱动型"路径。

组态 3 表明，耕地价格起到核心作用，牛奶价格、饲草价格和贷款利率起到辅助作用，表明牧场产品市场和要素市场的交易能力能够有效弥补生产能力（养殖效率和种植效率）的不足，实现高经济效益。该组态的一致性为 0.940，原始覆盖度为 0.284，唯一覆盖度为 0.051，说明该路径能够解释约 28.4% 的已实现高经济绩效的种养结合牧场案例，且约 5.1% 的实现高经济效益的种养结合牧场仅被该路径所解释。而组态 4 表明，耕地价格起到核心作用，其他条件均不存在，说明当牧场的耕地流转交易能力足够高，耕地流转价格较低的时候其他条件对种养结合牧场实现高经济效益无关紧要。该组态的一致性为 0.908，原始覆盖度为 0.230，唯一覆盖度为 0.011，该路径能够解释约 23% 的已实现高经济绩效的种养结合牧场案例，且约 1.1% 的实现高经济效益的种养结合牧场仅被该路径所解释。从组态 3 和组态 4 的分析发现，在组态 3 和组态 4 中耕地价格起到核心驱动作用，当耕地交易能力足够高，耕地价格较低时，其他条件的存在或不存在对种养结合牧场实现高经济效益作用不大，因此本章将组态 3 和组态 4 命名为"耕地交易能力驱动型"路径。

组态 5 表明，养殖效率和牛奶价格在牧场实现高经济效益中起到核心作用，种植效率和耕地价格起到辅助作用，只要牧场养殖能力、牛奶销售能力、种植能力和耕地交易能力存在就能克服饲草交易能力和资本交易能力带来的不利影响，实现高经济效益。该组态的一致性为 0.939，原始覆盖度为 0.290，唯一覆盖度为 0.022，说明该路径能够解释约 29% 的已实现高经济绩效的种养结合牧场案例，且约 2.2% 的实现高经济效益的种养结合牧场仅被该路径所解释。而且该组态中养殖能力和牛奶交易能力起到核心驱动作用，因此本章命名为"养殖能力和产品交易能力驱动型"路径。

组态 6 表明，牛奶价格起到核心作用，当牛奶销售能力足够高，牛奶价格相对较高时，其他条件的缺失或存在对种养结合牧场高经济效益的实现无关紧要。该组态的一致性为 0.796，原始覆盖度为 0.282，唯一覆盖度为 0.056，说明该路径能够解释约 28.2% 的已实现高经济绩效的种养结合牧场案例，且约 5.6% 的实现高经济效益的种养结合牧场仅被该路径所解释。由于牛奶交易能力是组态 6 的核心驱动条件，因此本章将该组态命名为"产品交易能力驱动型"路径。

组态 7 表明，养殖效率和耕地价格起到核心驱动作用，饲草价格起到辅助作用，其余条件均缺失，说明种养结合牧场较强的养殖能力、耕地和饲草交易能力能够有效弥补种植能力、牛奶和资本交易能力的不足，实现高经济效益水平。该组态的一致性为 0.919，原始覆盖度为 0.229，唯一覆盖度为 0.006，说明该路径能够解释约 22.9% 的已实现高经济绩效的种养结合牧场案例，且约 0.6% 的实现高经济效益的种养结合牧场仅被该路径所解释。由于养殖能力和耕地交易能力在该组态中起到核心驱动作用，本章将其命名为"养殖能力和耕地交易能力驱动型"路径。

（3）条件组态的稳健性检验。

一致性水平改变和校准标准不同均会影响逻辑最小化的真值表行（组态）的数量，进而对结果产生影响（赵云辉等，2020）。Schneider 和 Wagemann（2012）提出改变一致性水平、调整校准阈值的稳健性检验方法。本书采用调整一致性水平从原来的 0.80 提高到 0.84 进行了稳健性检验，结果如表 7-6 所示。

表 7-6 内部循环种养结合模式牧场高经济效益组态的稳健性分析

	组态 1	组态 2	组态 3	组态 4	组态 5	组态 6	组态 7
养殖效率	●	●	—	○	●	●	●
种植效率	○	•	⊗	⊗	•	—	⊗
牛奶价格	—	—	•	○	•	•	○
饲草价格	○	•	•	•	•	•	•
耕地价格	○	○	●	●	•	•	●
贷款利率	•	•	•	○	—	○	○
一致性水平	0.919	0.842	0.891	0.940	0.939	0.951	0.919

续表

	组态1	组态2	组态3	组态4	组态5	组态6	组态7
原始覆盖度	0.336	0.232	0.362	0.284	0.290	0.391	0.229
唯一覆盖度	0.018	0.000	0.091	0.052	0.022	0.001	0.006
解的一致性	—	—	—	0.872	—	—	—
解的覆盖度	—	—	—	0.739	—	—	—

注：●或•表示该条件存在，⊗或○表示该条件不存在；●或⊗表示核心条件，•或○表示边缘条件；—表示条件可存在也可不存在。

由表7-6可知，组态1、组态2、组态3、组态4和组态7的一致性水平、原始覆盖度和唯一覆盖度的值略有变动除外，核心条件和边缘条件的存在或缺失与组态充分性分析的主检验结果基本保持一致。组态5的核心条件和边缘条件略有变动，但对组态的解释基本与组态充分性分析的主检验解释保持一致。而组态6与组态充分性分析的主检验结果存在较大的差异，说明组态6较为不稳健。但是从整体分析，调整组态一致性水平之后，除了组态6之外，其余的组态基本保持稳定，说明本章种养结合牧场高经济效益的组态结果比较稳健。

（4）不同地区种养结合牧场高经济效益的差异化路径。

由于调研区域（内蒙古）幅员辽阔，横跨中国东部、中部、西部地区，导致调研区域（内蒙古）东部、中部、西部经济、社会、制度以及市场环境存在显著异质性，可能导致内蒙古东部、中部、西部种养结合牧场生产能力、产品交易能力以及要素交易能力存在差异。因此，本章分别分析不同地区种养结合牧场实现高经济效益的条件组态，如表7-7所示。

表7-7　内蒙古东部、中部、西部内部循环种养结合牧场实现高经济效益的组态分析

	西部地区			中部地区		东部地区		
	组态1	组态2	组态3	组态4	组态5	组态6	组态7	组态8
养殖效率	○	○	●	●	●	•	○	•
种植效率	—	○	⊗	•	○	•	⊗	

	西部地区			中部地区		东部地区		
	组态1	组态2	组态3	组态4	组态5	组态6	组态7	组态8
牛奶价格	●	○	○	•	•	⊗	•	○
饲草价格	○	○	⊗	○	○	○	•	•
耕地价格	○	●		•	○	○		
贷款利率	○	○	●	—	•	●	●	●
一致性水平	0.821	1.000	0.929	0.890	0.926	1.000	0.988	0.995
原始覆盖度	0.406	0.264	0.432	0.634	0.423	0.214	0.253	0.375
唯一覆盖度	0.109	0.078	0.075	0.021	0.029	0.067	0.117	0.172
解的一致性	0.872			0.843		0.902		
解的覆盖度	0.783			0.855		0.748		

注：●或•表示该条件存在，⊗或○表示该条件不存在；●或⊗表示核心条件，•或○表示边缘条件；—表示条件可存在也可不存在。

由表7-7可知，内蒙古西部地区种养结合牧场主要通过组态1、组态2和组态3的路径实现高经济效益，其中组态1是牛奶交易能力驱动型，组态2是耕地交易能力驱动型，组态3是养殖能力和资本交易能力驱动型。组态1、组态2和组态3的一致性水平分别为0.821、1.000和0.929；原始覆盖度分别为0.406、0.264和0.432；唯一覆盖度分别为0.109、0.078和0.075。说明组态1、组态2和组态3的路径分别能够解释内蒙古西部地区约40.6%、26.4%和43.2%的已实现高经济绩效的种养结合牧场案例，且约10.9%、7.8%和7.5%的高经济效益的种养结合牧场仅被组态1、组态2和组态3所解释。

组态4和组态5是内蒙古中部地区种养结合牧场实现高经济效益的主要路径。组态4表明，养殖效率是核心驱动条件，种植效率、牛奶价格和耕地价格是辅助条件，该组态能够解释内蒙古中部地区约63.4%的已经实现高经济效益的种养结合牧场案例，且约2.1%的已经实现高经济效益的种养结合牧场仅被该组态所解释。组态5同样表明，养殖效率起到核心作用，而牛奶价格和贷款利率起到辅助作用，该组态能够解释内蒙古中部地区约42.3%的已经实现高经济效益的种养结合牧场案例，且约2.9%的已经实现高经济效益的种养结合牧场仅被该组态所解释。从组态4和组态5可知，养殖效率是内蒙古中部种养结合牧场实现高经济效益的核心条件，故养殖能力驱动是该地区牧场实现高经济效益的主要路径。

组态6、组态7和组态8是内蒙古东部地区种养结合牧场实现高经济效益的主要路径，其中贷款利率起到核心驱动作用。从组态6和组态7可知，当牛奶价格不存在时（或缺失时），养殖效率和生产效率起到辅助作用，而饲草价格和耕地价格条件存在或不存在对种养结合牧场实现高经济效益无关紧要。组态6和组态8分别解释内蒙古东部地区约21.4%和37.5%的已经实现高经济效益的种养结合牧场案例，且6.7%和17.2%的实现高经济效益的东部地区牧场仅被组态6和组态8所解释。当养殖效率和种植效率缺失时，牛奶价格、饲草价格和耕地价格起到辅助作用，该组态能够解释约25.3%的已经实现高经济效益的种养结合牧场案例，且11.7%的实现高经济效益的东部地区牧场仅被该组态所解释。因此，在内蒙古东部地区种养结合牧场的高经济效益实现过程中资本交易能力起到核心驱动作用，而生产能力（养殖能力和种植能力）与牛奶交易能力、饲草交易能力和耕地交易能力间存在替代关系。

7.2　农户参与外部循环种养结合模式的经济效益实证检验

7.2.1　理论分析与研究假说

农户参与外部循环种养结合模式的决策行为是综合考虑内外部因素的基础上做出的自选择行为。参与外部循环种养结合模式的农户可以低成本获得将养殖场粪肥资源，能够替代部分化肥投入量、降低种植饲草的肥料投入成本（舒畅等，2016；林孝丽和周应恒，2012），同时提高耕地有机物质、改善土壤质量、提升土壤费力（于法稳等，2021）、提高肥料使用效率（姜天龙等，2022），提高饲草料亩均产量和质量，降低饲草料种植成本、提高饲草销售价格，从而提高农户种植业收入（崔姹等，2018）。然而，奶牛业外部循环种养结合模式形成的关键是饲草和粪肥以市场交易形式在农户和牧场之间进行循环，市场交易成本直接提高农户和牧场获取的饲草和粪肥的价格（王亚辉等，2019）。而且由于专业的养殖场与农户的农田间存在空间上的距离和撒肥机器设备的缺乏导致牧场即便向农户免费供应粪肥，也可能会产生运输费用和撒粪环节的额外劳动力费用等额外经营成本。因此，奶牛业外部循环种养结合模式可能降低农户的经营绩效的（郭庆海，2021；姜天龙等，2022）。但从理性经济人视角分析，只要是农户在自愿的基础上选择参与外部循环种养结合模式，那么农户的决策效用肯定会提高，而农户预期经济效益的提高是决策效用提高的主要衡量指标。因此，对理性农户而言，选择参与外部循环种养结合模式是因为参与该模式的预期经济效益高于不参与时的经济效益，且预期的风险可以控制在自己接受的范围之内（陈雪婷等，2020）。因此，本章认为外部循环种养结合模式对农户经济效益具有正向促进作用。基于以上分析，本章提出以下假说：

H7-1：外部循环种养结合模式对农户经济效益的提高具有促进作用。

7.2.2 模型设定与变量选择

7.2.2.1 实证模型设定

本书采用内生转换模型估计农户参与种养结合模式的经济效益。内生转换模型包含两个阶段，第一阶段是行为决策模型，第二阶段是经济效益模型。在第一阶段的行为决策模型中，农户参与种养结合模式行为受到无法直接被观测的潜变量的影响，但该潜变量可以被一系列可观测的外生变量表示。根据农户行为理论，作为理性经济人，农户参与种养结合模式的目标是实现家庭效用最大化。假设农户 i 参与种养结合模式的潜在总效用

为 A_{im}^{*}，未参与种养结合模式的潜在总效用为 A_{in}^{*}，则农户 i 选择参与种养结合模式的条件为 $A_{im}^{*}-A_{in}^{*}>0$，即农户参与种养结合模式的潜在总效用大于未参与种养结合模式的潜在总效用。农户参与种养结合模式的选择模型可表示为：

$$A_i^{*}=\pi X_i+\beta V_i+\varphi_i$$

$$A_i = \{1, \text{ if } A_i^{*}>0 \quad 0, \text{ if } A_i^{*} \leqslant 0\} \tag{7-1}$$

其中，A_i^{*} 表示影响农户参与种养结合模式的不可观测潜变量；A_i 表示农户是否参与种养结合模式，$A_i=1$ 表示农户参与种养结合模式，$A_i=0$ 表示农户未参与种养结合模式；X_i 和 V_i 表示影响农户参与种养结合模式参与决策的外生因素，X_i 是本书关键自变量，即农户面临的交易成本、政策激励以及内在感知变量，V_i 表示农户个体特征和资源禀赋特征变量；π、β 表示待估计参数，φ_i 表示随机扰动项。

内生转换模型的第二阶段分别估计 $A_i=1$ 和 $A_i=0$ 时的收入效应：

$$Y_{i1}=\psi_{i1}Z'_{i1}+\upsilon_{i1}，如果 A_i=1 \tag{7-2}$$

$$Y_{i0}=\psi_{i0}Z'_{i0}+\upsilon_{i0}，如果 A_i=0 \tag{7-3}$$

模型（7-2）和模型（7-3）中的 Y_{i1} 和 Y_{i0} 表示参与和不参与种养结合模式的农户收入，Z'_{i1} 和 Z'_{i0} 表示影响农户收入的个体特征、资源禀赋特征、政策激励以及内在感知等，υ_{i1} 和 υ_{i0} 表示随机扰动项。如果不可观测的因素同时影响行为选择模型（7-1）、收入模型（7-2）和模型（7-3），模型（7-1）的随机扰动项 φ_{i_i} 和收入模型（7-2）、模型（7-3）的随机扰动项 υ_i 显著相关，导致收入模型（7-2）、模型（7-3）的估计结果有偏误。为解决这个问题内生转换模型将第一阶段估计中得到的逆米尔斯系数（λ）加入模型（7-2）和模型（7-3）中，并修正不可观测变量导致的估计偏差问题，保障经济效益模型估计的无偏性。具体公式如下：

$$Y_{i1}=\psi_{i1}Z'_{i1}+\gamma_{\mu1}\lambda_{i1}+\upsilon_{i1}，如果 A_i=1 \tag{7-4}$$

$$Y_{i0}=\psi_{i0}Z'_{i0}+\gamma_{\mu0}\lambda_{i0}+\upsilon_{i0}，如果 A_i=0 \tag{7-5}$$

回归模型计算的 $\rho_{\mu1}\left(\rho_{\mu1}=\dfrac{\sigma_{\mu1}}{\sigma_{\mu}\sigma_{i1}}\right)$ 和 $\rho_{\mu0}\left(\rho_{\mu0}=\dfrac{\sigma_{\mu0}}{\sigma_{\mu}\sigma_{i0}}\right)$ 是农户的种养结合

模式参与行为模型（7-1）和收入效应模型（7-2）、模型（7-3）协方差的相关系数，如果 $\rho_{\mu 1}$ 或 $\rho_{\mu 0}$ 显著，表明样本存在自选择问题，采用内生转换模型是有效的。

同时，内生转换模型还基于反事实的分析方法估计参与和未参与种养结合模式农户在实际和反事实条件下的经济效益差异，以此来分析农户参与种养结合模式行为的经济效应。

实际情况下：

参与种养结合模式农户的经济效益的期望值如下（处理组）：

$$E[(Y_{i1} \mid A_i = 1)] = \psi_{i1} Z'_{i1} + \gamma_{\mu 1} \lambda_{i1} \qquad (7-6)$$

未参与种养结合模式农户的经济效益的期望值如下（控制组）：

$$E[(Y_{i0} \mid A_i = 0)] = \psi_{i0} Z'_{i0} + \gamma_{\mu 0} \lambda_{i0} \qquad (7-7)$$

反事实分析框架下：

参与种养结合模式农户（处理组），若不参与种养结合模式时的经济效益的期望值如下：

$$E[(Y_{i0} \mid A_i = 1)] = \psi_{i0} Z'_{i1} + \gamma_{\mu 0} \lambda_{i1} \qquad (7-8)$$

未参与种养结合模式农户（控制组），若参与种养结合模式时的经济效益的期望值如下：

$$E[(Y_{i1} \mid A_i = 0)] = \psi_{i1} Z'_{i0} + \gamma_{\mu 1} \lambda_{i0} \qquad (7-9)$$

参与种养结合模式农户平均处理效用 ATT 如下（处理组）：

$$ATT = E[(Y_{i1} \mid A_i = 1)] - E[(Y_{i0} \mid A_i = 1)] = (\psi_{i1} - \psi_{i0}) Z'_{i1} + (\gamma_{\mu 1} - \gamma_{\mu 0}) \lambda_{i1}$$

$$(7-10)$$

未参与种养结合模式农户平均处理效用 ATU 如下（控制组）：

$$ATU = E[(Y_{i1} \mid A_i = 0)] - E[(Y_{i0} \mid A_i = 0)] = (\psi_{i1} - \psi_{i0}) Z'_{i0} + (\gamma_{\mu 1} - \gamma_{\mu 0}) \lambda_{i0}$$

$$(7-11)$$

7.2.2.2　变量选择

（1）被解释变量。

本章被解释变量为农户经济效益变量，本书借鉴潘丹等（2022）的研究采用农户人均可支配收入度量农户经济效益。

（2）核心解释变量。

本书核心解释变量为农户参与外部循环种养结合模式行为的虚拟变量，1 表示参与外部循环种养结合模式，0 表示未参与外部循环种养结合模式。

（3）其他变量。

其他变量与 6.2 农户参与外部循环种养结合模式的决策模型的变量基本保持一致，包括交易成本变量（搜寻成本、谈判成本和执行成本）、政策激励变量（是否参加培训、是否有补贴和是否加入合作社）、内在感知变量（经济效益感知、技术风险感知和市场风险感知）、资源禀赋变量（耕地面积、劳动力禀赋、物质资本禀赋和专业化程度）和受访者个体特征变量（年龄、受教育程度以及是否村干部）等。内生转换模型要求至少有一个变量包含在决策模型，但不能包含在经济效益模型，将该变量称为工具变量。本章选择交易成本变量（搜寻成本、谈判成本和执行成本）作为工具变量。

7.2.3　实证分析结果

7.2.3.1　内生转换模型结果

表 7-8 是采用内生转换模型实证检验农户参与外部循环种养结合模式的经济效益的结果。由表 7-8 可知，ρ_{μ}^{1} 在 1% 的显著性水平下负相关，说明样本存在不可观测因素导致的自选择问题，选择采用内生转换模型是合理的，且模型 LR 和 Log likelihood 在 5% 和 1% 的显著性水平下显著，表明内生转换模型整体估计效果是有效的。

表 7-8　农户参与外部循环种养结合模式的经济效益内生转换模型结果

	农户参与决策		参与农户的经济效益		未参与农户的经济效益	
	系数	标准误	系数	标准误	系数	标准误
搜寻成本	−0.193***	0.048	—	—	—	—
谈判成本	−0.112***	0.033	—	—	—	—

续表

	农户参与决策		参与农户的经济效益		未参与农户的经济效益	
	系数	标准误	系数	标准误	系数	标准误
执行成本	−0.004	0.003	—	—	—	—
经济效益感知	0.285 ***	0.064	−0.356 *	0.214	−0.086	0.105
技术风险感知	−0.038	0.076	0.207	0.231	−0.001	0.093
市场风险感知	−0.363 ***	0.065	0.323	0.264	−0.080	0.101
是否参加培训	0.302 *	0.170	−0.220	0.438	0.133	0.275
是否有补贴	0.220	0.142	−0.536	0.404	0.065	0.200
是否加入合作社	0.323 *	0.181	−0.086	0.455	0.554 *	0.284
农牧业收入占比	−0.476 *	0.283	2.600 ***	0.878	0.235	0.341
家庭耕地面积	0.644 ***	0.125	1.680 ***	0.292	2.492 ***	0.045
家庭耕地面积平方	−0.034 ***	0.012	−0.067 ***	0.213	−0.287 ***	0.091
劳动力禀赋	−0.035	0.073	−0.697 ***	0.213	−0.287 ***	0.091
物质资源禀赋	−0.006 *	0.003	0.009	0.007	0.026 ***	0.008
年龄	−0.010	0.008	0.079 ***	0.023	−0.006	0.010
受教育年限	0.042 *	0.024	0.155 **	0.073	0.019	0.031
是否当过村干部	−0.349 *	0.181	−0.031	0.472	0.293	0.235
常数项	0.353	0.666	−2.373	1.933	1.974 **	0.895
N	614		214		400	
$\ln\sigma_\rho^0$	—	—	—	—	0.568 ***	0.036
$\rho_\mu^0 0$	—	—	—	—	−0.067	0.175
$\ln\sigma_\rho^1$	—	—	1.075 ***	0.076	—	—
$\rho_\mu^1 1$	—	—	−0.875 ***	0.284	—	—
LR	5.98 **					
Log likelihood	−1515.8018 ***					

注：* 、** 和 *** 分别表示10%、5%和1%的显著性水平。

从内生转换模型第一阶段参与决策的回归结果分析，搜寻成本和谈判成本等交易成本变量在1%的显著性水平下显著负向影响农户参与外部循环种养结合模式的概率。农户经济效益感知和市场风险感知在1%的显著性水平下显著正向和负向影响农户参与行为的概率。是否参加培训和是否加入合作社等政策激励变量在10%的显著性水平下显著正向影响农户参与行的概率。耕地面积一次项和二次项在1%的显著性水平下显著正向和负向影响农户参与行为的概率,说明农户耕地资源与其参与行为呈现倒"U"型关系,而物质资源和专业化程度在10%的显著性水平下显著负向影响农户参与行为的概率。农户受教育年限和是否当过村干部在10%的显著性水平下显著正向和负向影响农户参与行为的概率。内生转换模型参与决策的回归结果基本与6.2农户参与外部循环种养结合模式决策行为的检验结果保持一致,从侧面说明模型是稳健的。

从内生转换模型第二阶段的经济效益检验结果分析,耕地面积的一次项和二次项在1%的显著性水平下显著正向和负向影响参与和未参与外部循环种养结合模式的农户人均可支配收入,说明农户耕地资源禀赋与参与和未参与农户的经济效益呈现显著倒"U"型关系。劳动力人数在1%的显著性水平下显著负向影响参与和未参与农户的人均可支配收入。受访者年龄和农牧业收入占比在1%的显著性水平下显著正向影响参与农户的人均可支配收入,而对未参与农户的人均可支配收入的影响未通过显著性检验。这可能是因为农牧业收入占比较高和年长的农户可能对种养结合模式的认知和经验较为丰富,农牧业生产效率较高,从而能够提升参与农户的经济效益。而物质资本禀赋在1%的显著性水平下显著正向影响未参与农户的人均可支配收入。这可能是相比于参与农户,未参与外部循环种养结合模式的农户可支配收入中财产性收入和工资性收入比例较高,农业机械价值较高的农户通过为其他农户提供机械服务提高农户财产性收益。是否参加合作社在10%的显著性情况下显著正向影响未参与农户的经济效益。

7.2.3.2 农户参与外部循环种养结合模式的经济效益

基于内生转换模型反事实分析方法采用模型(7-10)和模型(7-11)检验农户参与外部循环种养结合模式对其经济效益的平均处理效应ATT和ATU,如表7-9所示。由表7-9可知,参与农户实际情况下的人均可支配收入为 3.986 万元，而反事实的情况下的人均可支配收入为 3.335 万元，ATT 为 0.651 万元，且通过 5% 的统计显著性检验。说明外部循环种养结合模式对参与农户的经济效益具有显著促进作用，能够提高参与农户人居可支配收入 19.5%。然而，未参与农户实际情况下的人均可支配收入为 2.357 万元，反事实情况下的人均可支配收入为 5.408 万元，ATU 为 3.051，且通过 1% 的统计显著性检验。说明未参与外部循环种养结合模式的农户如果参与该模式，人均可支配收入提高 1.29 倍。故外部循环种养结合模式能够显著提高农户经济效益。

表 7-9　农户参与外部循环种养结合模式对经济效益的平均处理效应结果

	实际结果 A	反事实结果 B	ATT C = A−B	ATU D = B−A
参与种养结合的农户	3.986	3.335	0.651 **	—
未参与种养结合的农户	2.357	5.408	—	3.051 ***

注：*、**和***分别表示 10%、5% 和 1% 的显著性水平。

7.2.3.3　稳健性检验结果

为了检验上述结果的稳健性，本书首先采用因变量（人均可支配收入）缩尾处理后进行稳健性检验，其次采用主成分分析方法拟合交易成本综合指标替代搜寻成本、谈判成本和执行成本，农户内在感知综合指标替代经济效益感知、技术风险感知和市场风险感知，政策激励综合指标替代是否参加培训、是否有补贴和是否加入合作变量再次进行稳健性检验，如表 7-10 和表 7-11 所示。稳健性检验结果表明无论是第一阶段参与决策模型还是第二阶段的经济效益模型中核心解释变量以及控制变量的显著性和影响方向基本与表 7-8 的检验结果保持一致。且外部循环种养结合模式对参与和未参与农户经济效益的平均处理效应 ATT 和 ATU 的估计结果（见表 7-11）也与表 7-9 的估计结果保持一致，表明本章采用内生转换模型实证检验的农户参与外部循环种养结合模式的经济效益的结果是稳健的。

表 7-10　农户参与外部循环种养结合模式的经济效益的稳健性检验结果

	被解释变量缩尾处理			更换解释变量（综合指标）		
	农户参与行为	参与农户经济效益	未参与农户经济效益	农户参与行为	参与农户经济效益	未参与农户经济效益
交易成本综合指标	—	—	—	−0.782*** (0.106)	—	—
搜寻成本	−0.203*** (0.049)	—	—	—	—	—
谈判成本	−0.110*** (0.034)	—	—	—	—	—
执行成本	−0.004 (0.003)	—	—	—	—	—
农户内在感知综合指标	—	—	—	0.669*** (0.103)	−0.616 (0.411)	−0.096 (0.164)
经济效益感知	0.293*** (0.065)	−0.246 (0.210)	−0.084 (0.105)	—	—	—
技术风险感知	−0.041 (0.078)	0.176 (0.217)	−0.001 (0.093)	—	—	—
市场风险感知	−0.371*** (0.066)	0.144 (0.265)	−0.082 (0.101)	—	—	—
政策激励综合指标	—	—	—	0.377*** (0.072)	−0.251 (0.231)	0.183 (0.116)
是否参加培训	0.332* (0.174)	−0.023 (0.410)	0.133 (0.275)	—	—	—
是否有补贴	0.226 (0.143)	−0.449 (0.380)	0.067 (0.200)	—	—	—
是否加入合作社	0.342* (0.184)	0.061 (0.425)	0.556* (0.284)	—	—	—
农牧业收入占比	−0.480* (0.286)	2.397*** (0.826)	0.232 (0.341)	−0.348 (0.264)	2.326*** (0.864)	0.226 (0.340)
家庭耕地面积	0.625*** (0.127)	1.940*** (0.283)	2.496*** (0.247)	0.699*** (0.116)	1.601*** (0.297)	2.481*** (0.253)
家庭耕地面积平方	−0.035*** (0.013)	−0.099*** (0.024)	−0.263*** (0.045)	−0.038*** (0.011)	−0.060** (0.026)	−0.259*** (0.045)
劳动力禀赋	−0.039 (0.074)	−0.690*** (0.200)	−0.287*** (0.091)	−0.041 (0.068)	−0.689*** (0.211)	−0.278*** (0.091)

续表

	被解释变量缩尾处理			更换解释变量（综合指标）		
	农户参与行为	参与农户经济效益	未参与农户经济效益	农户参与行为	参与农户经济效益	未参与农户经济效益
物质资源禀赋	−0.005 (0.004)	0.003 (0.007)	0.026*** (0.008)	−0.006 (0.004)	0.009 (0.007)	0.028*** (0.008)
年龄	−0.009 (0.008)	0.079*** (0.022)	−0.006 (0.010)	−0.013* (0.007)	0.076*** (0.023)	−0.005 (0.010)
受教育年限	0.041* (0.025)	0.169** (0.069)	0.020 (0.031)	0.041* (0.023)	0.152** (0.073)	0.023 (0.031)
是否当过村干部	−0.357* (0.183)	−0.060 (0.439)	0.292 (0.235)	−0.307* (0.164)	−0.039 (0.462)	0.292 (0.233)
常数项	0.390 (0.674)	−2.908 (1.842)	1.982** (0.894)	−0.607 (0.497)	−1.522 (1.732)	1.334* (0.727)
N	614	214	400	614	214	400
$\ln\sigma_{\rho}^{0}0$	—	—	0.568*** (0.035)	—	—	0.573*** (0.036)
$\rho_{\mu}^{0}0$	—	—	−0.058 (0.173)	—	—	−0.068 (0.167)
$\ln\sigma_{\rho}^{1}1$	—	0.979*** (0.073)	—	—	1.077*** (0.070)	—
$\rho_{\mu}^{1}1$	—	−0.615** (0.301)	—	—	−0.829*** (0.224)	—
Log likelihood	−1506.2219***			−1552.3146***		

注：*、**和***分别表示10%、5%和1%的显著性水平。

表7-11 农户参与外部循环种养结合模式经济效益的平均处理效应的
稳健性检验结果

	被解释变量缩尾处理				更换解释变量（综合指标）			
	实际结果	反事实结果	ATT	ATU	实际结果	反事实结果	ATT	ATU
参与种养结合的农户	3.924	3.360	0.564**	—	3.997	3.241	0.756***	—

续表

	被解释变量缩尾处理				更换解释变量（综合指标）			
	实际结果	反事实结果	ATT	ATU	实际结果	反事实结果	ATT	ATU
未参与种养结合的农户	2.357	4.332	—	1.975***	2.357	5.173	—	2.816***

注：*、**和***分别表示10%、5%和1%的显著性水平。

7.2.3.4　异质性检验结果

由本书6.2.3.4的分析可知，农户资源禀赋对其参与外部循环种养结合模式决策具有显著的正向促进作用，农户资源禀赋在参与和未参与外部循环种养结合模式农户之间存在显著差异。那么，外部循环种养结合模式对农户经济效益的实际影响在不同资源禀赋的农户间是否存在显著差异呢？为更深入了解外部循环种养结合模式对农户经济效益的影响，本章从劳动力资源、物质资源和人均可支配收入的角度分析外部循环种养结合模式对不同资源禀赋农户经济效益的异质性。

（1）劳动力资源禀赋的异质性检验。

本章采用家庭劳动力的均值将农户分成劳动力资源富裕组和劳动力资源匮乏组，检验外部循环种养结合模式对不同劳动力资源禀赋农户经济效益的影响，如表7-12所示。

表7-12　农户参与外部循环种养结合模式经济效益平均处理效应的
劳动力禀赋的异质性检验结果

	劳动力资源富裕组				劳动力资源匮乏组			
	实际结果	反事实结果	ATT	ATU	实际结果	反事实结果	ATT	ATU
参与种养结合的农户	3.376	0.511	2.865***	—	4.619	3.932	0.686*	—
未参与种养结合的农户	2.116	-1.903	—	-4.019***	2.690	6.075	—	3.384***

注：*、**和***分别表示10%、5%和1%的显著性水平。

由表7-12可知，不论劳动力富裕组还是匮乏组，外部循环种养结合模式对参与农户的人均可支配收入都具有显著的促进作用，但相比于劳动力资源匮乏组，在劳动力资源富裕组中外部循环种养结合模式对参与农户人均可支配收入的促进作用更强。而对于未参与种养结合模式的农户而言，劳动力匮乏的农户如果参与外部循环种养结合模式，该农户的人均可支配收入从2.690万元增加到6.075万元，提高1.26倍；但劳动力资源富裕的农户如果参与外部循环种养结合模式其人均可支配收入显著降低，这可能因为劳动力资源富裕的农户种植籽粒玉米，同时利用秸秆进行养殖获取的收益高于种植青贮玉米的收益。

（2）物质资源禀赋的异质性检验。

本章采用物质资本的中位数将农户分成物质资源富裕组和物质资源匮乏组，检验外部循环种养结合模式对不同物质资源禀赋农户经济效益的影响，如表7-13所示。结果发现，相比于物质资源禀赋匮乏的农户，外部循环种养结合模式对物质资源禀赋富裕农户经济效益的促进作用更强。在物资资源富裕组中，外部循环种养结合模式对未参与农户的促进作用显著高于参与农户的促进作用。

表7-13 农户参与外部循环种养结合模式经济效益平均处理效应的
物质资源禀赋的异质性检验结果

	物质资源富裕组				物质资源匮乏组			
	实际结果	反事实结果	ATT	ATU	实际结果	反事实结果	ATT	ATU
参与种养结合的农户	4.590	3.850	0.740*	——	3.148	5.568	-2.420	——
未参与种养结合的农户	2.714	6.367	——	3.654***	2.076	0.530	——	-1.546***

注：*、**和***分别表示10%、5%和1%的显著性水平。

（3）经济资源禀赋的异质性检验。

本章采用人均可支配收入的均值将农户分为经济资源禀赋高的组和低的组，并检验外部循环种养结合模式对不同经济资源禀赋农户经济效益的影响，如表 7-14 所示。由表 7-14 的结果可知，在高收入组中，参与农户的实际情况下的人均可支配收入为 6.942 万元，反事实情况下的人居可支配收入为 6.299 万元，ATT 为 0.643 万元，未通过 10% 的显著性检验；而未参与农户实际情况下的人均可支配收入 5.478 万元，反事实情况下的人均可支配收入为 9.357 万元，ATU 为 3.878 万元，通过 1% 的显著性检验。说明在高收入组中，外部循环种养结合模式显著提高未参与农户的人均可支配收入，高经济资源禀赋的未参与农户如果参与外部循环种养结合模式，人均可支配收入增加 70.79%。

而在低收入组中，参与农户实际情况下的人居可支配收入为 1.219 万元，反事实情况下的人均可支配收入为 1.033 万元，ATT 为 0.186 万元，通过 10% 的显著性检验，而未参与农户实际情况下的人均可支配收入为 1.274 万元，反事实情况下的人均可支配收入为 1.740 万元，ATU 为 0.466 万元，且通过 1% 的显著性检验。说明在低收入组中，外部循环种养结合模式显著提高参与和未参与农户的人均可支配收入，且对未参与农户的促进作用更强，低经济资源禀赋的未参与农户如果参与外部循环种养结合模式其经济效益提高 36.58%。

表 7-14　农户参与外部循环种养结合模式经济效益的平均处理效应的经济资源禀赋的异质性检验结果

	高经济资源禀赋组				低经济资源禀赋组			
	实际结果	反事实结果	ATT	ATU	实际结果	反事实结果	ATT	ATU
参与种养结合的农户	6.942	6.299	0.643	—	1.219	1.033	0.186*	—
未参与种养结合的农户	5.478	9.357	—	3.878***	1.274	1.740	—	0.466***

注：*、**和***分别表示 10%、5% 和 1% 的显著性水平。

7.3 本章小结

本章主要分析牧场参与内部循环种养结合模式的经济效益和农户参与外部循环种养结合模式的经济效益。分析牧场参与内部循环种养结合模式的经济效益时本章采用 QCA 的组态研究方法，从牧场生产能力和交易能力视角寻找内部循环种养结合模式的牧场实现高经济效益的条件组态。分析农户参与外部循环种养结合模式的经济效益时，本章采用内生转换模型选择内蒙古呼和浩特市（和林格尔县、土默特左旗和托克托县）、包头市（土默特右旗和九原区）、巴彦淖尔市（杭锦后旗和磴口县）、赤峰市（阿鲁科尔沁旗和翁牛特旗）和兴安盟（科尔沁右翼前旗）5 个盟市 10 个旗县的实地调研数据进行实证检验农户参与外部循环种养结合模式的经济效益，得到如下研究结论：

第一，内部循环种养结合模式牧场的生产能力（养殖能力和种植能力）、产品市场交易能力（牛奶和饲草交易能力）和要素市场交易能力（耕地和资本交易能力）都不能单独成为高经济效益的必要条件，说明内部循环种养结合模式的牧场某种能力的缺失不能成为高经济效益的瓶颈。内蒙古内部循环种养结合模式的牧场高水平经济效益的实现存在 7 种组态形式，5 种驱动模式，即养殖能力驱动型、耕地交易能力驱动型、产品交易能力驱动型、养殖能力与耕地交易能力驱动型和养殖能力与产品交易能力驱动型。可见，内部循环种养结合模式的牧场实现高水平经济效益的背后是多因素的协同作用，不同因素的有效结合以"殊途同归"的方式提高内部循环种养结合模式牧场的经济效益。

第二，由于内蒙古东部、中部、西部地区经济、社会、制度以及市场环境存在显著异质性，不同地区的内部循环种养结合模式的牧场高水平经济效益的实现路径存在显著异质性，资本交易能力驱动是东部地区牧场实现高水平经济效益的主要路径，养殖能力驱动是中部地区牧场实现高水平经济效益的主要路径，而产品交易能力驱动、耕地交易能力驱动以及养殖能力和资本交易能力共同驱动是西部地区牧场实现高水平经济效益的主要路径。

第三，外部循环种养结合模式对参与和未参与的农户经济效益均产生显著的促进作用。实证结果发现，参与外部循环种养结合模式农户在实际情况下的人均可支配收入为 3.986 万元，而反事实的情况下的人均可支配收入为 3.335 万元，ATT 为 0.651 万元，且通过 5% 的显著性检验，参与农户人居可支配收入提升 19.5%。然而，未参与农户在实际情况下的人均可支配收入为 2.357 万元，在反事实情况下的人均可支配收入为 5.408 万元，ATU 为 3.051，且通过 1% 的显著性检验，外部循环种养结合模式提高未参与农户人均可支配收入 1.29 倍。

第四，外部循环种养结合模式对参与和未参与农户经济效益的促进作用在不同劳动力资源禀赋、物质资源禀赋和经济资源禀赋农户间存在异质效应。在劳动力禀赋富裕组、物质资本富裕组和低经济资源禀赋组中外部循环种养结合模式对参与农户的人均可支配收入的促进作用更强。而在劳动力匮乏组、物质资本富裕组和高经济资源禀赋组中外部循环种养结合模式对未参与农户的人均可支配收入的促进作用更强。

第8章 结论及建议

8.1 主要结论与贡献

绿色发展是新时代中国奶牛养殖业发展的主要方向，种养结合模式是遵循种养业的物质和能量循环原理，种植业为奶牛养殖业提供饲草，奶牛养殖业为种植业提供粪肥，将种养业废弃物在农业系统内部循环利用，最大限度地降低种养业面源污染问题的绿色发展模式。但由于种养结合模式具有较强的外部性以及种养业经营主体间存在较高的交易成本导致种养业经营主体（牧场和农户）参与种养结合模式存在异质性。在此背景下，通过文献梳理及实地调研，本书将现实中的"如何有效推动奶牛业种养结合模式"问题凝练成"奶牛业种养结合模式的形成机理及经济效益"这一核心科学问题。并在对相关理论和研究进行梳理的基础上，提出以下四个层面的分解问题：

第一，哪些因素影响奶牛业内部和外部循环种养结合模式的形成？各因素之间存在什么样的关系？奶牛业内部和外部循环种养结合模式的形成机理如何？（整体）

第二，养殖利润、养殖效率、环境规制和耕地流转交易成本如何影响牧场采纳内部循环种养结合模式的决策？外部的环境规制政策、耕地流转的交易成本条件、养殖利润和养殖效率之间存在什么样的互动关系？（内部循环模式）

第三，牧场参与外部循环种养结合模式决策的演化逻辑如何？环境规制、交易成本和合作社服务对牧场参与外部循环种养结合模式决策的产生什么样的影响？政策激励、交易成本和农户内在感知如何影响农户参与外部循环种养结合模式的决策？各因素之间存在什么样的逻辑关系？农户自身的资源禀赋条件如何影响农户参与外部循环种养结合模式？资源禀赋条件是否对外部政策激励和市场交易成本影响农户参与决策影响产生异质性效应？（外部循环模式）

第四，奶牛业种养结合模式可持续健康发展的关键是内部和外部循环种养结合模式是否有效提高参与主体的经济效益？主要体现在参与内部循环种养结合模式的牧场如何实现高经济效益？外部循环种养结合模式的参与主体（牧场和农户）经济效益是否有效提高？（经济效益）

针对以上问题，本书采用"质性+量化"混合研究法，以奶牛养殖牧场和农户为研究对象，对奶牛业种养结合模式的形成机理及经济效益进行研究。本书核心内容第 4 章至第 7 章的逻辑关系是：第 4 章，采用多案例的扎根理论方法提炼影响奶牛业内部和外部循环种养结合模式形成的关键因素，构建内部循环种养结合模式和外部循环种养结合模式的形成的理论模型，为后续的大样本实证研究奠定理论基础；第 5 章和第 6 章，结合第 4 章的生成机理的理论分析，基于实地调研的牧场和农户的一手数据，案例和实证检验奶牛业内部和外部循环种养结合模式形成，借助量化研究方式对质性研究的结论进行印证或补充，增加论文研究结论的信度与效度；第 7 章是奶牛业与内部和外部循环种养结合模式形成之后经济效益的实证检验。

主要结论如下：

第一，通过多案例的扎根理论研究奶牛业内部和外部循环种养结合模式的形成机理得出如下两个结论：一是养殖利润、养殖效率、环境规制和耕地流转交易成本是奶牛业内部循环种养结合模式形成的关键因素。其中养殖利润和养殖效率是内在驱动因素，环境规制政策是外在保障因素，耕地流转交易成本是外在条件因素。奶牛业内部循环种养结合模式是内在利润和效率驱动、政策保障驱动和交易条件共同驱动的结果。二是政策激励、饲草和粪肥购销环节的交易成本、农户内在感知和社会化服务或牧场负责人的社会化特征是奶牛业外部循环种养结合模式形成的关键影响因素。其中政策激励是外部推力因素，饲草和粪肥购销环节的交易成本是阻力因素，农户内在感知是拉力因素，社会化服务或牧场负责人的社会化特征是调节交易成本的调节力因素。奶牛业外部循环种养结合模式是上述推力、拉力、阻力和调节力因素共同作用的结果。

第二，通过实证检验牧场采纳内部循环种养结合模式的行为发现，上一年的养殖利润显著负向影响牧场参与内部循环种养结合模式的概率，养殖利润越低牧场采纳内部循环种养结合模式的概率越高，牧场上一年养殖利润每降低 1000 元，牧场采纳内部循环种养结合模式的概率增加 2.8%。养殖效率对牧场参与内部循环种养结合模式的影响呈现倒"U"型关系，在养殖效率较低的时候随着养殖效率的提高牧场采纳内部循环种养结合模式的概率随之提高，牧场综合养殖效率提高 0.01，牧场采纳内部循环种养结合模式的概率增加 4.7%；但养殖效率到 0.86 之后随着养殖综合效率的持续上升牧场采纳内部循环种养结合模式的概率随之降低，牧场养殖综合效率每增加 0.01，牧场采纳内部循环种养结合模式的概率降低 2.7%。激励型环境规制和引导型环境规制变量显著正向影响牧场参与内部循环种养结合模式的概率，但约束型环境规制变量未通过 10% 的显著性检验，激励型环境规制和引导型环境规制每增加 1 个单位，牧场参与内部循环种养结合模式的概率分别增加 0.2% 和 11.5%。人力资本专用性和物质资本专用性显著正向影响牧场参与内部循环种养结合模式的概率，说明牧场所在镇老龄化水平越高，户均耕地面积越大，牧场面临的流转土地交易成本越小，牧场采纳内部循环种养结合模式的概率越高，牧场所在镇老龄化水平每增加 1%，牧场采纳内部循环种养结合模式的概率增加 1.54%，牧场所在镇户均耕地面积每增加一亩，牧场采纳内部循环种养结合模式的概率增加 1.60%。但地理位置专用性未通过显著性检验，牧场与最近村庄的距离对牧场采纳行为并没有显著影响。从交互效应检验发现，物质资本专用性正向调节养殖利润与牧场参与内部循环种养结合模式之间的关系，而反向调节养殖效率二次项与牧场采纳内部循环种养结合模式之间的关系；但人力资本专用性和地理位置专用性对养殖利润和效率与牧场采纳内部循环种养结合模式之间的关系的调节效应不显著；引导型环境规制变量反向调节养殖利润对牧场参与内部循环种养结合模式的负向影响，激励型环境规制正向调节养殖效率一次项和二次项对牧场参与内部循环种养结合模式的影响。

第三，首先，通过案例分析牧场参与外部循环种养结合模式的行为发现，国家环境规制是推动牧场从种养分离向松散式种养结合模式，又向紧密型种养结合模式转型的关键，但是牧场与农户之间高昂的交易成本是阻碍牧场参与外部循环种养结合模式的关键因素，交易成本越高，牧场越难以实现外部循环种养结合模式。社会化服务组织作为牧场与农户之间的桥梁，能够降低牧场与农户之间的交易成本，促进牧场参与外部循环种养结合模式，社会化服务的水平越高，降低的交易成本越多，越能促进牧场参与外部循环种养结合模式。其次，通过实证检验农户参与外部循环种养结合模式的行为决策发现，是否获得种养结合补贴、是否参加培训以及是否参加合作社等政策激励变量显著正向影响农户参与行为的概率。相比于未参加培训、未获得补贴和未加入合作社的农户，参加培训、获得补贴和参加合作社的农户参与外部循环种养结合模式的概率分别提高 16.8%、14.3% 和 17.0%。农户面临的信息搜寻成本和谈判成本等交易成本显著负向影响农户参与行为的概率，信息搜寻成本和谈判成本每增加 1 个单位，农户参与外部循环种养结合模式的概率分别降低 7.8% 和 5.5%。同时，农户经济效益感知和市场风险感知分别显著正向和负向影响农户参与行为的概率，农户经济效益感知每增加 1 个单位，农户参与外部循环种养结合模式的概率增加 9.7%，但农户市场风险感知每增加 1 个单位，农户参与外部循环种养结合模式的概率降低 10.8%。通过机制检验发现政策激励和交易成本变量不仅直接影响农户参与行为，而且还通过农户内在感知间接影响农户参与行为，信息搜寻成本、谈判成本、参加培训、获得补贴和加入合作社变量通过农户经济效益感知和市场风险感知的中介效应占总效应的比例分别为 44.89%、40.66%、49.33%、52.91% 和 38.82%。而且外部政策激励、交易成本和农户内在感知对农户参与行为的影响在不同耕地资源禀赋、劳动力资源禀赋、物质资本禀赋和专业化程度农户间存在异质性。

第四，首先，研究牧场参与内部循环种养结合模式的经济效益，发现能力是内部循环种养结合的牧场实现高水平经济效益的关键因素，但生产能力（养殖能力和种植能力）、产品市场交易能力（牛奶和饲草交易能力）和要素市场交易能力（耕地和资本交易能力）都不能单独成为高水平经济效益的必要条件，而是不同能力的组态能够实现内部循环种养结合模式牧场的高水平经济效益，不同能力的有效组合以"殊途同归"的方式提高内部循环种养结合模式牧场的经济效益。内蒙古内部循环种养结合模式的牧场高水平经济效益的实现存在 7 种组态形式，5 种驱动模式，即养殖能力驱动型、耕地交易能力驱动型、产品交易能力驱动型、养殖能力与耕地交易能力驱动型和养殖能力与产品交易能力驱动型。而且内蒙古东部、中部、西部地区的内部循环种养结合模式与牧场的高水平经济效益的实现路径存在显著异质性，东部地区牧场实现高水平经济效益的主要路径是资本交易能力驱动型，中部地区牧场实现高水平经济效益的主要路径养殖能力驱动型，而西部地区牧场实现高水平经济效益的主要路径则包括产品交易能力驱动、耕地交易能力驱动以及养殖能力和资本交易能力共同驱动型。其次，研究农户参与外部循环种养结合模式的经济效益，发现外部循环种养结合模式对农户的经济效益的提升具有显著的促进作用，且对未参与农户经济效益的促进作用更强。从内生转换模型的反事实检验结果可知，参与农户实际情况下的人均可支配收入为 3.986 万元，反事实情况下的人均可支配收入为 3.335 万元，外部循环种养结合模式能够提高参与农户的人居可支配收入 0.651 万元，提高幅度达到 19.5%。然而，未参与农户实际情况下的人均可支配收入为 2. 357 万元，反事实情况下的人均可支配收入为 5. 408 万元，说明未参与外部循环种养结合模式的农户如果参与该模式，人均可支配收入提高 3. 051 万元，提升约 1. 29 倍。而且外部循环种养结合模式对参与和未参与农户经济效益的促进作用在不同劳动力资源禀赋、物质资源禀赋和经济资源禀赋之间存在异质效应。在劳动力资源禀赋富裕组、物质资源富裕组和低经济资源禀赋组中外部循环种养结合模式对参与农户的人均可支配收入的促进作用更强。而在劳动力资源禀赋匮乏组、物质资源富裕组和高经济资源禀赋组中外部循环种养结合模式对未参与农户的人均可支配收入的促进作用更强。

主要贡献如下：

采用多案例的扎根理论方法提炼奶牛业内部和外部循环种养结合模式的关键影响因素，从整体角度深入剖析奶牛业种养结合模式的形成机理，并构建奶牛业内部和外部循环种养结合模式形成机理的理论分析框架。且采用实地调研数据实证检验养殖利润、养殖效率、环境规制政策以及耕地流转的交易成本对牧场参与内部循环种养结合模式的影响，同时也检验了外部环境规制政策以及耕地流转交易成本变量在养殖利润和养殖效率对牧场采纳行为的影响中起到的调节作用。也采用案例分析方法从环境规制、交易成本以及社会化服务视角分析牧场采纳外部循环种养结合模式的演化历程以及形成过程，同时还采用实证检验方法从外部的政策激励、交易成本以及内部的内在感知和资源禀赋视角分析农户参与外部循环种养结合模式的行为决策，剖析政策激励、交易成本、内在感知和资源禀赋变量对农户参与外部循环种养结合模式行为决策的影响机制，检验农户内在感知在外部政策激励和交易成本对农户参与行为的影响的中介效应，同时也检验农户资源禀赋在外部政策激励和交易成本对农户参与行为影响的调节效应。除此之外，本书还检验采纳内部循环种养结合模式实现高水平经济效益的不同能力的组态路径和农户参与外部循环种养结合模式的经济效益。为进一步推进奶牛业种养结合模式的发展提供经验依据。

8.2 政策建议

基于以上研究结论，本书的政策建议如下：

8.2.1 完善耕地流转制度，助力内部循环种养结合模式的发展

本书第4章和第5章的研究发现，耕地流转市场的交易成本条件是影响牧场参与内部循环种养结合模式的关键制约因素，交易成本越高，牧场参与内部循环种养结合模式的难度越大，在实地调研时大部分牧场负责人反映附近没有可租的耕地、耕地租金太高和农户耕地规模太小协商困难是牧场参与内部循环种养结合模式过程中面临的最大难题。因此，政府政策层面应当完善耕地流转制度，培育耕地流转服务平台，发挥当地合作社、村级能人和村委会在耕地流转环节的协调作用，降低耕地流转环节的交易成本，助力牧场采纳内部循环种养结合模式。

8.2.2 控制约束型环境规制强度，增加激励型和引导型规制举措

从多案例的扎根理论分析和实证检验结果可知，政府的环境规制政策是推动牧场参与内部和外部循环种养结合模式的关键因素。但从第5章实证分析结果可知，约束型环境规制在10%的显著性水平下未显著影响牧场参与内部循环种养结合模式的行为，而激励型和引导型环境规制显著促进牧场参与内部循环种养结合模式的行为。因此，政府有关部门在制定环境规制政策时更多考虑青贮玉米收储、粪污处理设施设备构建以及粪污终端还田环节的运输、劳动力等成本收益因素，制定不同环节的补贴制度，加强种养结合模式形成环节的种植技术、粪污处理技术以及还田技术的培训制度，正向激励和引导牧场与农户积极参与种养结合模式，推进奶牛业种养结合模式的发展。

8.2.3 强化服务体系建设，增强服务供给能力

本书研究发现，农户与牧场之间的耕地流转交易成本、饲草购销交易成本以及粪污还田交易成本是奶牛业内部和外部循环种养结合模式形成的关键阻力因素。而合作社、第三方中介、村委会以及地方政府的信息共享服务，如协调谈判服务、机械服务、运输服务、金融服务、技术培训服务、农业生产资料和农产品的购销服务，种植业产前、产中、产后的生产服务以及粪污处理技术培训等在一定程度上缓解了农户与牧场之间的交易成本，提升了农户对种养结合模式的内在感知，促进奶牛业种养结合模式的健康、可持续发展。因此，建议政府基层组织强化促进奶牛业种养结合模式发展的服务体系建设，增强服务供给能力，保障奶牛业内部和外部种养结合模式健康、可持续发展。

8.2.4 构建多维农户培训制度，提升农户对种养结合模式的感知

农户内在感知是奶牛业外部循环种养结合模式形成的内在拉力因素，农户对种养结合模式的经济效益感知和市场风险感知直接影响农户参与外部循环种养结合模式的行为决策。从实地调研发现，农户对种植饲草以及牧场粪肥还田，尤其是牧场粪污还田的经济效益感知和技术风险感知程度不高，构建政府、牧场、社会化服务组织和村集体的多维培训制度，提升农户饲草种植和牧场固体粪和液体粪还田技术能力，准确认知种植饲草和牧场粪污还田过程的经济效益、市场风险以及技术风险等因素，促进农户参与外部循环种养结合模式。

8.2.5 基于农户资源禀赋条件，制定差异化的引导策略

农户参与外部循环种养结合模式决策以及外部循环种养结合模式对农户经济效益的影响在不同资源禀赋农户之间存在显著的异质作用。因此，在实践中引导农户参与种养结合模式时，基于农户耕地资源禀赋、劳动力资源禀赋、物质资源禀赋、经济资源禀赋以及专业化程度的不同，制定差

异化的引导策略，提升农户参与种养结合模式的概率，推进奶牛业外部循环种养结合模式的可持续发展。

8.3　研究不足与展望

本书采用"定性+定量"的混合研究法对奶牛业种养结合模式的形成机理及经济效益进行研究。限于笔者研究能力等因素的影响，本书存在以下不足：第一，研究样本的局限性。在研究内部循环种养结合模式的形成及经济效益的实证研究的对象为奶牛养殖牧场，由于样本只有66家，虽然在实证研究时尽可能采取QCA等小样本研究方法，但仍然觉得牧场样本比较少。第二，研究范围的局限性。奶牛业种养结合模式的形成受很多内部和外部因素的影响，本书仅从环境规制、交易成本、社会化服务、养殖效率、养殖利润以及农户内在感知等有限的影响因素视角分析奶牛业内部和外部循环种养结合模式的形成，具有一定的局限性。第三，研究深度的局限性。对外部循环种养结合模式的不同参与主体（牧场、合作社以及农户）之间的协调机制以及激励机制的研究不够深入。

针对以上不足，未来研究可以从以下三方面进行拓展：

第一，今后进一步扩大牧场样本，采用大样本的实证研究方法检验牧场内部循环种养结合模式的形成及经济效益。虽然二元选择模型和QCA方法检验66家牧场的内部循环种养结合模式的参与行为和经济效益具有合理性，但大样本检验可能更加稳健，因此在今后的研究中可以扩大牧场样本进一步检验研究结论的稳健性。

第二，深入剖析奶牛业外部循环种养结合模式的不同参与主体（牧场、合作社以及农户）之间的协调机制及激励机制的问题。外部循环种养结合模式是部分规模化养殖场实现绿色发展的主要模式，本书主要采用多案例的扎根理论的方法提炼影响外部循环种养结合模式形成机理并采用案例分析方法分析牧场参与外部循环种养结合模式的行为，但尚未深入剖析奶牛业外部循环种养结合模式的不同参与主体之间的协调机制以及激励机制，未来研究中可以重点考虑该领域的研究。

第三，从社会资本视角研究奶牛业种养结合模式的形成问题。本书研究发现，交易成本是阻碍内部和外部循环种养结合模式形成的主要因素，根据社会资本理论，任何经营组织不仅仅是"理性经济人"，更是"社会经济人"，牧场和农户的社会资本在一定程度上代替正规制度节约牧场和农户之间的交易成本，促进奶牛业内部和外部循环种养结合模式的形成，但本书未深入剖析社会资本对牧场参与内部和外部循环种养结合模式的行为问题，今后可以深入研究该问题。

参考文献

[1] 钟钰, 巴雪真. 收益视角下调动农民种粮积极性机制构建研究 [J]. 中州学刊, 2023 (04): 62-70.

[2] 黄季焜. 乡村振兴: 农村转型、结构转型和政府职能 [J]. 农业经济问题, 2020a (01): 4-16.

[3] 黄季焜, 解伟. 中国未来食物供需展望与政策取向 [J]. 工程管理科技前沿, 2022, 41 (01): 17-25.

[4] 王明利. 有效破解粮食安全问题的新思路: 着力发展牧草产业 [J]. 中国农村经济, 2015 (12): 63-74.

[5] 黄季焜. 中国粮食安全与农业发展: 过去和未来 [J]. 中国农业综合开发, 2020b (11): 8-10.

[6] 郭庆海. "粮改饲" 行动下的生态关照——基于东北粮食主产区耕地质量问题的讨论 [J]. 农业经济问题, 2019 (10): 89-99.

[7] 郭庆海. 渐行渐远的农牧关系及其重构 [J]. 中国农村经济, 2021 (09): 22-35.

[8] 黄显雷, 赵俊伟, 方琳娜等. 基于种养结合的畜禽养殖环境承载力研究——以舒兰市为例 [J]. 中国农业资源与区划, 2020, 41 (04): 34-42.

[9] 王淑彬, 王明利, 石自忠等. 种养结合农业系统在欧美发达国家的实践及对中国的启示 [J]. 世界农业, 2020 (03): 92-98.

［10］郎宇，王桂霞，吴佩蓉．我国奶业发展的困境及对策［J］．黑龙江畜牧兽医，2020（04）：12-16+147.

［11］刘玉满．中国奶牛养殖业成长的烦恼成也土地败也土地［J］．中国乳业，2018（11）：2-7.

［12］黄季焜，任继周．中国草地资源、草业发展与食物安全［M］．北京：科学出版社，2017.

［13］姜天龙，朱新方淼，舒坤良．农户开展种养结合的积极效应、制约因素及政策建议［J］．经济纵横，2022（06）：104-110.

［14］王志敬，葛影影，谭伟军等．种草养殖模式在我国畜牧业中的发展现状［J］．畜牧与兽医，2019，51（03）：129-132.

［15］张诩，乔娟．基于种养结合的种植户粪肥支付意愿研究［J］．中国农业资源与区划，2019，40（08）：177-186.

［16］马梅，王明利，达丽．内蒙古"粮改饲"政策的问题及对策［J］．中国畜牧杂志，2019，55（01）：147-150.

［17］陈雪婷，黄炜虹，齐振宏等．生态种养模式认知、采纳强度与收入效应——以长江中下游地区稻虾共作模式为例［J］．中国农村经济，2020（10）：71-90.

［18］李文斌，邱润，朱浪等．菌粉、草木灰对 $Cu^{(2+)}$ 胁迫下牧草幼苗生长的影响［J］．环境监测管理与技术，2019a，31（05）：65-68.

［19］吕娜．参与主体视角的生态循环农业模式及其保障机制研究［D］．北京：中国农业科学院，2019.

［20］Worthington M K. Ecological Agriculture：What It Is and How It Works［J］. Agriculture and Environment，1981，6（04）：349-381.

［21］杜志雄，罗千峰，杨鑫．农业高质量发展的内涵特征、发展困境与实现路径：一个文献综述［J］．农业农村部管理干部学院学报，2021（04）：14-25.

［22］姜国峰．美日德等国生态循环农业发展的332模式及"体系化"启示［J］．科学管理研究，2018，36（02）：108-111.

［23］骆世明. 生态农业确认体系的构建［J］. 农业现代化研究，2020，41（01）：1-6.

［24］彭艳玲，苏岚岚，孔荣. 收入质量及其对农户创业决策的影响研究——基于鲁、豫、陕、甘4省1373份农户调查数据［J］. 农业技术经济，2019（12）：56-67.

［25］尹昌斌，周颖. 循环农业发展理论与模式［M］. 北京：中国农业出版社，2008.

［26］张昌莲，彭祥伟，王阳铭. 种养结合的家禽生态养殖模式［J］. 新农业，2010（12）：4-5.

［27］薛辉，赵肖玲，张高棣，冯永忠. 循环农业科技园规划理论框架构建［J］. 农业科学与技术，2012，13（03）：689-692.

［28］程华，卢凤君，谢莉娇. 农业产业链组织的内涵、演化与发展方向［J］. 农业经济问题，2019（12）：118-128.

［29］Peyraudj L, Taboada M, Delaby L. Integrated Crop and Live Stock Systems in Western Europe and South America：Areview［J］. European Journal of Agronomy, 2014, 7（57）：31-42.

［30］Chambaut H, Espagnol S, Forays, et al. Enhancing the Complimentarity Between Crops and Live-Stock Production Farms to Improve the Environmental Sustainability of Food Production［J］. Rencontres Autour des Recherches Surles Ruminants, 2015（22）：61-64.

［31］崔海燕，白可喻. 种养结合经济效益剖析——山东省禹城市小付村农户调查报告［J］. 中国农业资源与区划，1999（06）：26-29.

［32］李文斌，胡涵，王昌梅等. 种养结合生态农业模式探析［J］. 现代农业科技，2019b（13）：189-190.

［33］Dumont B, Fortun-Lamothe L, Jouven M, et al. Prospects from Aroecology and Industrial Ecology for Animal Production in the 21st Century［J］. Animal, 2013, 7（06）：1028-1043.

［34］王浩，王益权，焦彩强等. 果园养鸡立体农业生产模式对土壤

钙素营养及苹果品质的影响 [J]. 干旱地区农业研究, 2014, 32 (04)：178-182.

[35] 吴红, 韩大勇, 王健. "桃-鸡"种养结合模式对桃园土壤养分含量的影响 [J]. 江苏农业科学, 2016, 44 (11)：277-280.

[36] 杨兴杰, 齐振宏, 陈雪婷等. 政府培训、技术认知与农户生态农业技术采纳行为——以稻虾共养技术为例 [J]. 中国农业资源与区划, 2021, 42 (05)：198-208.

[37] 傅桂英, 刘世彪. 猪—沼—果循环经济发展模式的价值流计算与评价 [J]. 农业工程学报, 2019, 35 (15)：225-233.

[38] 禹盛苗, 欧阳由男, 张秋英等. 稻鸭共育复合系统对水稻生长与产量的影响 [J]. 应用生态学报, 2005 (07)：1252-1256.

[39] 王秋菊, 李鹏绯, 刘峰等. 三江平原草甸白浆土水田氮肥优化研究及应用——以前进农场为例 [J]. 中国土壤与肥料, 2019 (05)：30-37.

[40] 周玲红, 魏甲彬, 唐先亮等. 冬季种养结合对稻田土壤微生物量及有效碳氮库的影响 [J]. 草业学报, 2016, 25 (11)：103-114.

[41] 张浪, 周玲红, 魏甲彬等. 冬季种养结合对双季稻生长与土壤肥力的影响 [J]. 中国水稻科学, 2018, 32 (03)：226-236.

[42] 杨兴杰, 齐振宏, 陈雪婷等. 社会资本对农户采纳生态农业技术决策行为的影响——以稻虾共养技术为例 [J]. 中国农业大学学报, 2020a, 25 (06)：183-198.

[43] Hatfield P. Incorporating Sheep into Dry Land Grain Production Systems II: Impact on Changes in Biomass and Weed Density [J]. Small Ruminant Research, 2007, 67 (a)：216-221.

[44] Hatfield P. Incorporating Sheep into Dry Land Grain Production Systems I: Impact on Over-wintering Larva Populations of Wheat Stem Sawfly [J]. Small Ruminant Research, 2007 (b)：209-215.

[45] Bell L. Soil Profile Carbon and Nutrient Stocks under Long-term

Conventional and Organic Crop and Alfalfa-crop Rotations and Reestablished Grassland [J]. Agriculture, Ecosystems and Environment, 2012, 158 (12): 156-163.

[46] Hoeppner J W, Entz M H, McConkey B G, et al. Energy Use and Efficiency in Two Canadian Organic and Conventional Crop Production Systems [J]. Agriculture Food System, 2006 (21): 60-67.

[47] 杨春, 陈文宽, 葛翔等. 发展饲用作物推进种植业结构调整的综合效益评价研究 [J]. 农业技术经济, 2016 (08): 119-125.

[48] 沈亚强, 姚祥坦, 张红梅等. 浙江北部低洼田湿地农业种养结合模式的环境效应 [J]. 长江流域资源与环境, 2014, 23 (03): 351-357.

[49] 林孝丽, 周应恒. 稻田种养结合循环农业模式生态环境效应实证分析——以南方稻区稻—鱼模式为例 [J]. 中国人口·资源与环境, 2012, 22 (03): 37-42.

[50] 贾伟, 朱志平, 陈永杏等. 典型种养结合奶牛场粪便养分管理模式 [J]. 农业工程学报, 2017, 33 (12): 209-217.

[51] 蔡颖萍, 岳佳, 杜志雄. 家庭农场畜禽粪污处理方式及其影响因素分析——基于全国养殖型与种养结合型家庭农场监测数据 [J]. 生态经济, 2020, 36 (01): 178-185.

[52] 王晓飞, 谭淑豪. 基于非同质 DEA 的稻虾共作土地经营模式成本效率分析 [J]. 中国土地科学, 2020, 34 (02): 56-63.

[53] 王火根, 李娜, 梁弋雯. 农业循环经济模型构建与政策优化 [J]. 农业技术经济, 2018 (02): 64-76.

[54] Franzluebbers A J. Integrated Crop-livestock Systems in Southeastern USA [J]. Agronomy Journal, 2007, 99 (04): 61-372.

[55] Allen V G, Baker M T, Segarra E, Brown C P. Integrated Crop-livestock Systems in Dry Climates [J]. Agronomy Journal, 2007 (99): 346-360.

[56] Acosta-Martinez V. Soil Microbial, Chemical and Physical Properties in Continuous Cotton and Integrated Crop-livestock Systems [J]. Soil Sci-

ence Society of America Journal，2004，68（11）：1875-1884.

［57］Wang Z，Liu M，Feng Z，et al. A New Model of Recycling Agricultural Production ［J］. Agricultural Science & Technology，2013，14（03）：466-469，537.

［58］尹晓青."粮改饲"的山西朔州探索 ［J］.社会科学家，2018（02）：40-45.

［59］龚国义.南方"畜禽—冬种马铃薯"种养结合模式养分循环研究 ［D］.广州：华南农业大学，2017.

［60］黄炜虹.农业技术扩散渠道对农户生态农业模式采纳的影响研究 ［D］.武汉：华中农业大学，2019.

［61］Hu L L，Zhang J，Ren W Z，et al. Can the Co-cultivation of Rice and Fish Help Sustain Rice Production? ［R］. Scientific Reports，2016.

［62］Alary V，Moulin C，Lasseur J，et al. The Dynamic of Crop-livestock Systems in the Mediterranean and Future Prospective at Local Level：A Comparative Analysis for South and North Mediterranean Systems ［J］. Livestock Science，2019（224）：40-49.

［63］李绍亭，周霞，周玉玺.家庭农场经营效率及其差异分析——基于山东234个示范家庭农场的调查 ［J］.中国农业资源与区划，2019，40（06）：191-198.

［64］赵俭，张晓建，安志兴等.饲草料资源和粪污资源化利用视角下我国奶业可持续发展问题分析 ［J］.饲料研究，2019，42（07）：104-107.

［65］李林，乌云花.我国奶牛业种养结合模式发展的困境及对策 ［J］.黑龙江畜牧兽医，2023（12）：14-18.

［66］Fan X，Chang J，Ren Y，et al. Recouping Industrial Dairy Feedlots and Industrial Farmlands Mitigates the Environmental Impacts of Milk Production in China ［J］. Environ Sci Technol，2018，52（07）：3917-3925.

［67］张骏逸.农户秸秆直接还田行为研究 ［D］.南京：南京农业大

学，2018.

[68] 杨兴杰，齐振宏，杨彩艳等. 农户对生态农业技术采纳意愿及其影响因素研究——以稻虾共养技术为例 [J]. 科技管理研究，2020b，40 (01)：101-108.

[69] Efthalia D，S. Dimitris. Adoption of Agricultural Innovations as a Two-stage Partial Observability Process [J]. Agricultural Economics，2003，28 (03)：187-196.

[70] 黄腾，赵佳佳，魏娟等. 节水灌溉技术认知、采用强度与收入效应——基于甘肃省微观农户数据的实证分析 [J]. 资源科学，2018，40 (02)：347-358.

[71] 丰雷，江丽，郑文博. 农户认知、农地确权与农地制度变迁——基于中国 5 省 758 农户调查的实证分析 [J]. 公共管理学报，2019，16 (01)：124-137+174-175.

[72] 吴雪莲，张俊飚，丰军辉. 农户绿色农业技术认知影响因素及其层级结构分解——基于 Probit-ISM 模型 [J]. 华中农业大学学报（社会科学版），2017 (05)：36-45+145.

[73] 唐佳丽，金书秦. 中国种养结合研究热点与前沿——基于 1998 年以来的文献分析 [J]. 中国农业资源与区划，2021，42 (11)：24-31.

[74] Coase R H. The Problem of Social Cost [J]. The Journal of Law and Economics，1960，56 (04)：837-877.

[75] 王小茜. 交易成本理论研究述评 [J]. 现代营销（经营版），2021，30 (04)：112-113.

[76] Demsetz H. The Cost of Transacting [J]. Quarterly Journal of Economics，1968 (82)：33-53.

[77] North D C. Transaction Costs，Institutions，and Economic History [J]. Zeitschrift Fur Die Gesamte Staatswissenschaft，1984 (140)：7-17.

[78] John J Wallis，Douglass North. Measuring the Transaction Sector in the American Economy [M]. Chicago：University of Chicago Press，1986.

［79］周雪光，组织社会学十讲［M］．北京：社会科学文献出版社，2019.

［80］Williamson. 市场和等级制度［M］．纽约：美国自由出版社，1975.

［81］黄祖辉，周洁红，金少胜．"农改超"与城市居民的农产品购买行为分析［J］．浙江学刊，2004（05）：185-189.

［82］罗必良，何一鸣．产权管制放松的理论范式与政府行为：广东例证［J］．改革，2008（07）：76-83.

［83］生秀东．订单农业的契约困境和组织形式的演进［J］．中国农村经济，2007（12）：35-39+46.

［84］阮文彪．小农户和现代农业发展有机衔接——经验证据、突出矛盾与路径选择［J］．中国农村观察，2019（01）：15-32.

［85］邓衡山，徐志刚，应瑞瑶．真正的农民专业合作社为何在中国难寻？——一个框架性解释与经验事实［J］．中国农村观察，2016（04）：72-83+96-97.

［86］郜亮亮．中国农户在农地流转市场上能否如愿以偿？——流转市场的交易成本考察［J］．中国农村经济，2020（03）：78-96.

［87］阿尔弗雷德·马歇尔．经济学原理［M］．伦敦：麦克米伦出版社，1890.

［88］张运生．内生外部性理论研究新进展［J］．经济学动态，2012（12）：115-124.

［89］阿瑟·赛西尔·庇古．福利经济学［M］．伦敦：麦克米伦出版社，1920.

［90］Coase R H. The Problem of Social Cost［J］. The Journal of Law and Economics，2013，56（04）：837-877.

［91］恰亚诺夫．农民经济组织［M］．萧正洪，译．北京：中央编译出版社，1996.

［92］西奥多·舒尔茨．改造传统农业［M］．梁小民，译．北京：商

务印书馆，1999.

［93］黄宗智．华北的小农经济与社会变迁［M］．北京：中华书局，2000.

［94］王瑞琪，原长弘．制造业领军企业关键核心技术突破因素——基于8家中国制造业500强企业的多案例研究［J］．科技管理研究，2022，42（14）：85-93.

［95］傅利平，扎拉加，索端智等．国内草原生态研究图谱与主题脉系——基于CNKI的文献计量分析［J］．青海社会科学，2020（02）：84-92.

［96］巴尼·G. 格拉泽，安塞尔姆·L. 施特劳斯．发现扎根理论［M］．谢娟，译．武汉：华中科技大学出版社，2022.

［97］郭欣，陈向明．教育质性研究的本土化探索——第二届"实践-反思的教育质性研究"学术研讨会综述［J］．教育发展研究，2015，35（06）：80-84.

［98］王雷．区域农产品公用品牌建设绩效评价研究［D］．泰安：山东农业大学，2022.

［99］Camic P M, Rhodes J E, Yardley L. Naming the Stars：Integrating Qualitative Methods Intopsychological Research ［M］. Washington：American Psychological Association，2003.

［100］Patton M Q. Qualitative Research & Evaluation Methods：Integrating Theory and Practice ［J］. Nurse Education Today，2015，23（06）：467-467.

［101］刘海兵，刘洋，黄天蔚．数字技术驱动高端颠覆性创新的过程机理：探索性案例研究［J］．管理世界，2023，39（07）：63-81+99+82.

［102］道日娜，杨伟民，胡拥军．资源抑或资本导向：中国奶业发展模式选择［J］．农村经济，2021（09）：97-108.

［103］侯国庆，高鸣，乔光华．效率遵循还是利润导向：农户奶牛

养殖模式的分化 [J]. 中国农村观察，2022（05）：104-122.

[104] 王建华，钭露露，王缘. 环境规制政策情境下农业市场化对畜禽养殖废弃物资源化处理行为的影响分析 [J]. 中国农村经济，2022（01）：93-111.

[105] 仇荣山，韩立民，徐杰等. 环境规制对中国海水养殖业绿色转型的影响——基于动态面板模型的实证检验 [J]. 资源科学，2022，44（08）：1615-1629.

[106] 张苇锟，何一鸣，罗必良. 土地流转市场发育对农户非农就业的影响——基于村庄土地流转"成本—规模"视角的考察 [J]. 制度经济学研究，2020（02）：1-22.

[107] 蒋永甫，张小英. 农地流转主体的交易成本——基于种养大户、家庭农场、合作社及龙头企业的比较 [J]. 学术论坛，2016，39（02）：43-48.

[108] 陈宏伟，穆月英. 政策激励、价值感知与农户节水技术采纳行为——基于冀鲁豫 1188 个粮食种植户的实证 [J]. 资源科学，2022，44（06）：1196-1211.

[109] 程琳琳，张俊飚，何可. 网络嵌入与风险感知对农户绿色耕作技术采纳行为的影响分析——基于湖北省 615 个农户的调查数据 [J]. 长江流域资源与环境，2019，28（07）：1736-1746.

[110] 苑甜甜，宗义湘，王俊芹. 农户有机质改土技术采纳行为：外部激励与内生驱动 [J]. 农业技术经济，2021（08）：92-104.

[111] 崔钊达，余志刚. 资源禀赋、主体认知与农户种粮积极性——基于政府抓粮行为的调节效应 [J]. 世界农业，2021（04）：32-43+64.

[112] 李成龙，周宏. 资源禀赋、政府培训与农户生态生产行为 [J]. 农业经济与管理，2022（05）：22-30.

[113] 王学婷，张俊飚，童庆蒙. 参与农业技术培训能否促进农户实施绿色生产行为？——基于家庭禀赋视角的 ESR 模型分析 [J]. 长江

流域资源与环境，2021，30（01）：202-211.

[114] 畅倩，颜俨，李晓平等．为何"说一套做一套"——农户生态生产意愿与行为的悖离研究 [J]．农业技术经济，2021（04）：85-97.

[115] Baron R M, Kenny D A. The Moderator–mediator Variable Distinction in Social Psychological Research：Conceptual, Strategic, and Statistical Considerations [J]. Journal of Personality and Social Psychology, 1986, 51（06）：1173-1182.

[116] 廖文梅，袁若兰，黄华金等．交易成本、资源禀赋差异对农户生产环节外包行为的影响 [J]．中国农业资源与区划，2021，42（09）：198-206.

[117] 姚文，祁春节．交易成本对中国农户鲜茶叶交易中垂直协作模式选择意愿的影响——基于9省（区、市）29县1394户农户调查数据的分析 [J]．中国农村观察，2011（02）：52-66.

[118] Masayasu Asai, Marc Moraine, Julie Ryschawy, Jan de Wit, Aaron K, Hoshide, Guillaume Martin. Critical Factors for Crop–livestock Integration Beyond the Farm Level：A Cross–analysis of Worldwide Case Studies [J]. Land Use Policy, 2018（73）：184-194

[119] Ulrich Kohler, Kristian Bernt Karlson, Anders Holm. Comparing Coefficients of Nested Nonlinear Probability Models [J]. The Stata Journal, 2011, 11（03）：420-438.

[120] Zahra S A, Sapienza H J, Davidsson P. Entrepreneurship and Dynamic Capabilities：A Review, Model and Research Agenda [J]. Journal of Management Studies, 2006, 43（04）：917-925.

[121] 曹红军，卢长宝，王以华．资源异质性如何影响企业绩效：资源管理能力调节效应的检验和分析 [J]．南开管理评论，2011，14（04）：25-31.

[122] 蔡文著，汪达．资源禀赋对家庭农场成长绩效影响的实证研究——创业拼凑的中介效应 [J]．江西社会科学，2020，40（07）：

229-238.

［123］苏小凤，蔡雪雄，江小莉等．资源组拼对家庭农场创业绩效的影响研究［J］．亚太经济，2020（06）：124-132.

［124］危旭芳．农民创业资源异质性与绩效差异——基于3727家农民和非农民创业企业的比较研究［J］．江汉论坛，2013（05）：66-73.

［125］池泽新，彭柳林，王长松等．农业龙头企业的自生能力：重要性、评判思路及政策建议［J］．农业经济问题，2022（03）：136-144.

［126］储勇．环境规制对涉农企业绿色技术创新的影响研究［D］．北京：中共中央党校，2022.

［127］郭锦墉，徐磊，黄强．政府补贴、生产能力与合作社"农超对接"存续时间［J］．农业技术经济，2019（03）：87-95.

［128］罗必良，郑燕丽．农户的行为能力与农地流转——基于广东农户问卷的实证分析［J］．学术研究，2012（07）：64-70.

［129］曹峥林，姜松，王钊．行为能力、交易成本与农户生产环节外包——基于Logit回归与csQCA的双重验证［J］．农业技术经济，2017（03）：64-74.

［130］何一鸣．权利管制、租金耗散与农业绩效——人民公社的经验分析及对未来变革的启示［J］．农业技术经济，2019（02）：10-22.

［131］邹宝玲．交易费用、创新驱动与互联网创业［C］．广东经济学会．市场经济与创新驱动——2015岭南经济论坛暨广东社会科学学术年会分会场文集，2015：195-201.

［132］张莉侠，吕国庆，贾磊．技术引进、技术吸收能力与创新绩效——基于上海农业企业的实证分析［J］．农业技术经济，2018（09）：80-87.

［133］赵馨燕，周晓惠．我国企业自生能力理论研究述评与启示［J］．技术经济与管理研究，2014（12）：59-62.

［134］Ragin C C, P C Fiss. Net Effects Analysis versus Configurational Analysis: An Empirical Demonstration［C］. in Ragin, C. C., Redesigning

Social Inquiry：Fuzzy Sets and Beyond ［M］. Chicago，IL：University of Chicago Press，2008：190-212.

［135］王凤彬，江鸿，王璁. 央企集团管控架构的演进：战略决定、制度引致还是路径依赖？——一项定性比较分析（QCA）尝试 ［J］. 管理世界，2014（12）：92-114+187-188.

［136］Fiss P C. Building Better Causal Theories：A Fuzzy Set Approach to Typologies in Organization Research ［J］. Academy of Management Journal，2011，54（02）：393-420.

［137］陶克涛，张术丹，赵云辉. 什么决定了政府公共卫生治理绩效？——基于 QCA 方法的联动效应研究 ［J］. 管理世界，2021，37（05）：128-138+156+10.

［138］Schneider C Q，Wagemann C. Set-theoretic Methods for the Social Sciences：A Guide to Qualitative Analysis ［M］. Cambridge：Cambridge University Press，2012.

［139］赵云辉，陶克涛，李亚慧等. 中国企业对外直接投资区位选择——基于 QCA 方法的联动效应研究 ［J］. 中国工业经济，2020（11）：118-136.

［140］张放. 影响地方政府信息公开的因素——基于省域面板数据的动态 QCA 分析 ［J］. 情报杂志，2023，42（01）：133-141+207.

［141］张明，杜运周. 组织与管理研究中 QCA 方法的应用：定位、策略和方向 ［J］. 管理学报，2019，16（09）：1312-1323.

［142］舒畅，王瑾，乔娟. 生猪养殖废弃物资源化利用现状及问题探讨——以北京市为例 ［J］. 农业展望，2016，12（09）：57-60.

［143］于法稳，黄鑫，王广梁. 畜牧业高质量发展：理论阐释与实现路径 ［J］. 中国农村经济，2021（04）：85-99.

［144］崔姹，王明利，胡向东. 我国草牧业推进现状、问题及政策建议——基于山西、青海草牧业试点典型区域的调研 ［J］. 华中农业大学学报（社会科学版），2018（03）：73-80+156.

［145］潘丹，陆雨，孔凡斌．退耕程度高低和时间早晚对农户收入的影响——基于多项内生转换模型的实证分析［J］．农业技术经济，2022（06）：19-32.

［146］沈亚强，姚祥坦，程旺大．藕-鱼种养结合模式对藕田底栖动物的影响［J］．中国生态农业学报，2016，24（12）：1598-1606.

［147］李文斌，何海霞，邓红艳等．适度放牧和受损管理对草地生态系统恢复的探讨［J］．环境与可持续发展，2017，42（04）：90-91.

［148］杨彩艳，齐振宏，黄炜虹等．"稻虾共养"生态农业模式的化肥减量效应研究——基于倾向得分匹配（PSM）的估计［J］．长江流域资源与环境，2020，29（03）：758-766.

［149］邢阿宝，崔海峰，俞晓平等．茭白田套养中华鳖多级种养模式的作用与功能评价［J］．核农学报，2018，32（05）：1031-1039.

［150］姚祥坦，沈亚强，张红梅等．低洼田湿地"植-鱼"种养结合模式对莲藕、菱生长发育及品质的影响［J］．中国生态农业学报，2012，20（12）：1643-1649.

［151］程华，卢凤君，谢莉娇等．种养业现代化发展的瓶颈及突破路径［J］．中国农业资源与区划，2020，41（02）：187-193.

［152］农业部，国家发展改革委，工业和信息化部，商务部．全国奶业发展规划（2009-2013年）［J］．农业技术与装备，2010（19）：10-14.

［153］王亚辉，李秀彬，辛良杰．山区土地流转过程中的零租金现象及其解释——基于交易费用的视角［J］．资源科学，2019，41（07）：1339-1349.